福島の空の下で

Sato Sachiko
佐藤 幸子

創森社

いのちと暮らしが最優先～序にかえて～

東京電力福島第一原発事故から、すでに3年目の春を迎えようとしています。

春には、私の大好きな山桜が咲き、日々変わる新緑の野山を眺めながら山菜とりや田畑の農作業は心が躍る毎日でした。

夏には、山のようにとれる夏野菜でつくる料理は、「ばっかり食」でしたが、毎日食べても飽きない、ナスとインゲンの味噌炒め、キュウリの三五八《さごはち》漬けが定番メニューでした。

秋には、どこからともなく、いい香りがして私の心を和ませる金木犀《きんもくせい》の香りのなか、ずっしりと実った稲刈り作業。収穫の喜びを手伝ってくれた仲間と分かち合う「かっきりぼた餅」を頬ばるひとときは、半年間の疲れを忘れさせました。

冬には、田畑の作業はできなくなり、私たちのやまなみ農場では家の修理、一年間の燃料となる薪や炭をつくり、年末には欅《けやき》の臼で餅つきをして新しい年を迎えました。

毎年、その暮らしは変わることなく、何十年も続けてきました。それが、２０１１年3月11日を境に、まったくできなくなりました。

見た目には何も変わっていない風景ですが、自然界では少しずつ異変が現れているのだと気がついたのは、事故後すぐでした。春なのにツバメやモンシロチョウが少なかったのです。夏になっても、セミの声があまり聞こえませんでした。稲に群がっていたスズメも、２０１２年の秋にはほとんど見かけませんでした。

水俣病も、最初は猫が被害を受けました。そして大勢の住民が水俣病に苦しみました。しかし、そのとき国が行ったことは、被害を認めず、少なく見せることでした。今、福島で行われているのは、まさに同じことだと思うのです。いつの時代も経済優先のこの国は、国民のいのちより大企業の利益を守るために、子どもたちの未来のことを考えたことなどないのだと思わざるをえません。足尾銅山、ヒロシマ、ナガサキ、ビキニ、水俣、薬害エイズなどに象徴されるように、すべて同じ構造のなかから起こってきた被害なのだと思います。

まさにレイチェル・カーソンの著書『沈黙の春』（新潮社）に記されている、「生き物の姿がなく、沈黙が支配するだけ」のような場面が、現実として目の前に広がってしまいました。

こうしたなかで、五感で感じ、行動できる能力が衰えた人間はさまざまな事情を抱えながらここ福島に踏みとどまり、いつ訪れるかわからない健康被害への恐怖に怯えながら暮らしていくことになるのです。

大量に降り注いだ放射能は、森林を田畑を汚染してしまいました。しかし、見えないがゆえに人々は、その地を離れたくない心理が大きく働き、放射能安全神話を受け入れてしまいます。

東電や政府に対する怒りをストレートに声を出せない多くの人々は、放射能に対する認識の違う相手を非難することで心のバランスをとるようになりました。考え方の違う相手を受け入れられずにいることは、本当に辛いことです。それまで親しかった家族ほど、避難したことを受け入れられずにその地にいます。

避難した人は残してきた人々に対して、申し訳ないとやはり苦しんでいます。お互いにその苦しみや悲しみは、大きな心の傷となりました。放射能汚染は、こうした人間の大切なものすべてを分断、破壊していくのです。

結婚して、初めての妊娠のとき、つわりがいちばん辛かったのが金木犀の季節でした。金木犀の香りにどれほどつわりが癒されたかしれません。その後、5人の子どもに恵まれ、自然のなかでいのちの大切さを肌で感じる暮らしを30年間続けてきました。しかし、我が家は、すでに原発事故ですべてを失いました。

これまで、川口由一さん（奈良県）が導く自然農の「耕さず、肥料、農薬を一切使わず、草や虫を敵としない」、さらに「持ち込まず、持ち出さない」などの考え方による自然農で作物をつくってきたのですから、放射能はなおさら認めることはできません。

自然農の田畑から学んだこと、昔からの自給の暮らしに知恵・工夫があったことなどを次代に伝えるため、自然農自給生活学校を開設しました。多くの研修生が巣立っていきましたが、その研修の場も無念にも中断、廃止のやむなきに至ったのです。いのちを守る自然農と対極にあるのが、いのちを脅かし、いのちを奪う原発なのです。

子どもたちと、その子どもたちにやがて生まれてくる私の孫たちと、我が家で一緒に暮らすことができる日は、もう私が生きている間には実現できないかもしれません。それでも、子どもたちが生きていてくれさえしたら、いのちをつないでいってくれさえしたら、どこに住もうとも離れていようとも寂しくはありません。

そして子どもたちが、いつの日にか自分で選んで住む場所でやまなみ農場の暮らしを受け継ぎ、福島のことを語り継いでくれることが、私にとっていちばんの望みなのです。

福島で起こったこの事故を忘れないために、二度と福島の悲劇を繰り返させないために、いのちを脅かすものをなくすために、さらに福島を「幸福の島、福のある島」と呼ばれる地域にしていくために、子どもたちにこの本を贈ります。

また、この本を手にとってくださった方々が、人間は自然界の一部であり、自然に生かされていることを深く考え、いのちと暮らしを守ることを最優先に、次世代の子どもたちとともに新しい未来に向けて歩みだすきっかけに少しでも役立つことを願ってやみません。

２０１３年　２月

佐藤　幸子

福島の空の下で●もくじ

第2章　自然農による30年間の自給生活　37

第3章　子どもたちを守ろうとしない県と国　63

第4章　「子ども福島ネット」の活動を開始　83

もくじ

第7章 感謝される福島になることを願って 177

東京電力福島第一原発と政府指示の避難区域図

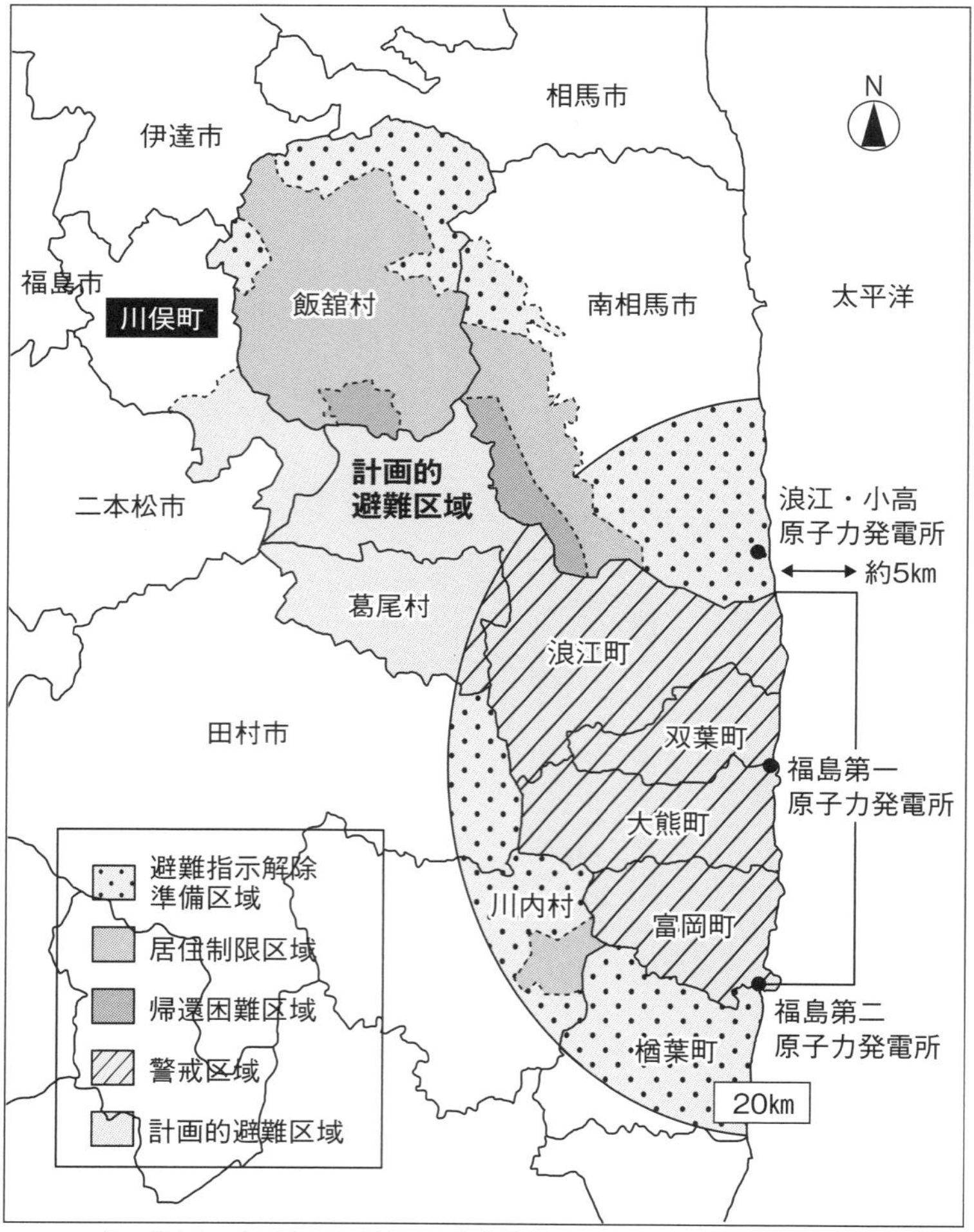

注：①2012年9月10日現在。日本農業新聞などをもとに加工作成
②川俣町は、著者のかつての営農と暮らしの場。町域のかなりの部分が計画的避難区域に指定されている

第1章

「見えない戦場」になった福島

福島第一原発から 20㎞圏の立入禁止境界線（福島県南相馬市）

この日のために生きてきた

ついに来るべきときが来た

「お母さんは、この日のために今までの人生があったような気がする」

２０１１年３月13日に山形県の友人宅に避難した子どもたちより４日遅れて避難した私は、３月17日、子どもたちにそう話しました。

「原発がなくなっても、石油がなくなっても、食料が輸入されなくなっても生き残る。その技術と知恵を自分が習得して、そのすべてを子どもたちに伝えていくのが自分の使命だ」

そう思って、自給農の暮らしを30年間やってきました。「今、そのときが来たから、あなたたちはどこに行っても生きていける」と話しました。

私が避難するとき持って出たのは、これまで我が家を訪ねてくださった方々の名簿と貯金通帳、玄米、味噌、塩、醤油、加工品だけでした。これさえあれば、「何とかなる」と。

それまでの53年間の人生で学んだこと、経験したことのすべてを総動員して判断した結果が、「5人の子どもたちのうち、福島にいる４人を山形市へ避難させる」でした。

１９８６年、チェルノブイリ原発事故が起こったとき、長男は４歳、長女はお腹のなかにいました。そのあと自分の無知を反省して、懸命に勉強しました。勉強すればするほど原発がどれほど恐ろしいものか、放射能がどれだけ人体に影響を及ぼすものかがわかりました。そのため、「もし、将来、福島原発が事故を起こすようなことがあったら、子どもたちを１００㎞は逃がす。山形市に避難させよう」と決めていました。

震災翌日、山形の友人・伊藤利彦さんに電話しました。すると、彼は、「幸子さん、ついに来るべきときが来たね。すぐにおいで」と、快く引き受けてくれました。

私は、障がい者の支援とヘルパー派遣事業を行うＮＰＯ法人青いそらの理事長をしているため、危険だとわかっていても、すぐに逃げるわけにはいきませんでした。しかし、子どもたちをすばやく避難させることを決断したことで、親として「子どもたちのいのちを守る」という最低限の役目を果たすことができたと思っています。

とんでもないことが起こった

２０１１年3月11日午後2時46分、東日本大震災が発生しました。これには、日本がかつて経験したことのない東京電力福島第一原発事故が含まれていました。

この日、私は、福島市飯野町にあるＮＰＯ法人青いそらが運営する障がい者の支援施設麦の家で、事務仕事をしていました。職場のスタッフとともに揺れの収まるのを待っていましたが、何度も何度も続く余震、停電、電話の不通に、「とんでもないことが起こった」と思いました。

併設のヘルパー派遣事業所ヘルパーステーションおはようの利用者さん、ヘルパーの安否を確認しようとしましたが、固定電話ばかりか携帯電話もつながりにくくなっていました。そのため、やむを得ず、利用者さんのお宅に直接お伺いして、「建物の被害や怪我がなかったか」を確認しました。幸いにも、当事務所の関係者には大きな被害はなく、安心しました。

安否確認のため車を走らせながらラジオのスイッチを入れると、アナウンサーが、「津波が来ます。渋滞を避けるために車を置いて避難してください」「不要な車での外出は控えてください」と繰り返し叫んでいました。

それを聞いて、「交通の便が悪いこの福島では、車がなければ何もできないではないか」と、逆に、「万が一のために車にガソリンを入れておかなければ」と思い、事業所の車2台のガソリンを満タンにしてから帰宅しました。すでに、夜の11時を過ぎていました。

家族がいっしょにいたほうが安心

伊達郡川俣町の自宅では、13歳の次女・美菜《みな》と17歳の三男・友生《ゆうき》が、断水と停電のなかで夕食をつくり、私の帰りを待っていました。テーブルの上には、家じゅうのローソクと懐中電灯が載せてありました。地震が発生してから帰宅するまで、一度も子どもたちには連絡することができなかったのですが、二人とも冷静に判断して、行動してくれていました。

友生は、ヘルパーステーションおはようの登録ヘルパーでもありましたが、当日は休みの日でした。しかし、自分で利用者さん、スタッフ宅をバイクで回り、異常がなかったことを事務所に報告してから帰っていました。自分で適切な判断をし、行動してくれた三男を頼もしく思いました。

夕食後、頭に浮かんだのは「原発事故」のことでした。原発と自宅との距離は45㎞です。福島市内に住む24歳の長女・麻耶に電話をしました。「万が一、避難しなければならないときが来ることを考えると、家族がいっしょにいたほうが安心だから、これから行く」と。

同じく市内に住む20歳の次男・耕太にも、「(麻耶宅に)来るように」と電話で指示しました。そして、真っ暗ななか、川俣町を後にしました。

「いのちと仕事、どっちが大切なんだ!」

福島第一原発1号機が水蒸気爆発

長女の家は停電を免れており、テレビを見ることができました。夜中、何度も余震で目が覚めました。そのたびに頭をよぎったのは原発のことでした。「おそらく、事故を起こしているに違いない」「放射能漏れが起きているに違いない」。

しかし、翌12日朝のニュースでは、「10㎞圏内の避難指示は念のため。ただちに健康への被害があるレベルではない」と何度も繰り返していました。

川俣町の自宅は、鶏250羽を飼う農家でもありました。そのため、私と友生は一度、自宅へ帰ることにしました。鶏に餌を与えた後、知人宅へ手伝いに行きました。前日、友生が見回ったときに、知人宅の土手が崩れて土が道路を塞いだため、自宅から車を出すことができなくなったと聞いたからです。その家は、老夫婦とお孫さんの3人家族。人手がなく困っているだろうと思い、訪ねたのです。そして、車を出せるようにしてから、二人で帰宅しました。

そこへ、麻耶から電話がありました。「福島第一原発1号機が水蒸気爆発した」というのです。福島市は原発から55㎞の距離にあります。ついに、避難の決断をしなければならなくなりました。山形県の伊藤利彦さんにはこのとき電話をし、友生には最低限の着替えを準備させて、バイクで福島に向かわせました。

難しい「避難」への理解

夜になって、麻耶から電話が入りました。「コバさん（麻耶の夫）、休みの許可が出なくて、山形に行くの、明日になる」というのです。とっくに出発したと思っていた私は、思わず怒鳴っていました。「いのちと仕事、どっちが大切なんだ！」

後日知ったことですが、13日、コバさんの父親が「これから子どもをつくる若い二人を避難させてほしい」と会社に掛け合ってくれていたそうです。ようやく許可が出て、避難できたのは、14日午前10時でした。しかし、その職場で避難したのは、娘夫婦と、赤ちゃんのいるもう一家族だけだったそうです。

1週間避難して職場に戻ったとき、コバさんは仲間からバツとしてトイレ掃除をさせられたという話を聞きました。ごく普通の職場では、避難への理解はなかなか難しいことだったと、これも後日知ることとなりました。結局、耕太、友生、美菜の3人だけが、13日午前8時ごろ、山形へ向かって出発したのです。

3　家族が避難を決める

営農の拠点としているやまなみ農場から友生を送り出した後、「生後間もない赤ちゃんがいるため、停電のなかでは、夜が心細い」と、ヘルパーから電話がありました。そのため、「もし、もっと深刻な事態が起こったときは助けあえるから」と、職場のスタッフや近くに住む仲間に声をかけ、8人が我が家の別荘に集まることになりました。別荘と原発の距離は50㎞です。「もしかしたら、私たち全員、避難しなければならなくなるかもしれない」との思いもありました。

別荘に集まった仲間は、ラジオのニュースを聞きながら夕食を食べました。ヘルパーの仕事を終えて夜中に帰ってきたヘルパーの一人が、言いました。「原発はかなり危険な状態になっているようだ。できれば、子どもを連れて自分たちも避難したい」と。私は、我が家の子どもたちといっしょに山形へ避難することをすすめました。

職場には、そのほかに、飯舘村《いいたてむら》から通っていた生後1ヵ月の赤ちゃんを含め4人の子どもがいる事務員、幼児二人がいて当時妊娠中のヘルパー、4歳のお孫さんがいるヘルパーが勤務していました。私は夜が明けるのを待って、13日早朝、彼らに電話をして避難を呼びかけました。

妊娠中のヘルパーだけは、「家庭の事情でどうしても避難できない」と言うのです。彼女には、「子どもは外に出さない。出るときはマスク、帽子、雨合羽が必要。帰ったらそれらは家の中に入れない。手洗いをする。海藻と玄米を食べる」など、私が知る限りの情報を伝えました。

3家族が避難を決めました。2家族は山形市に、一家族は東京に向かいました。13日、山形へ行く国道13号線は大渋滞。一家族は、通常なら2時間で着くところを6時間かけて山形市にたどり着きました。しかし、もう一家族は、「あと1時間で山形の友人宅に着く」というところで、引き返してしまいました。「車中で泣き叫ぶ2歳の子どもの声に耐えられなかった」という理由からです。

避難した２時間後に放射能が

14日、麻耶たちが避難した２時間後、原発から55㎞離れた福島市にも見えない放射能は流れ、空間線量が上がってきていました。これも、当時は、まったく知らされていないことでした。

14日の夜中、「明日の風向き、雨の予報を考えると、関東方面が危険だ」という情報が入りました。そのため、東京で仕事をしていた長男・仁《まさし》に、15日早朝電話をして、「東京より西に避難するように」と言いました。しかし、「仕事を休めない」と言うので、「せめて雨には当たらないように」と伝えました。

東京で保母さんをしている私の友人には、「子どもたちを外に出さないように」と伝えました。通勤途中の友人は、「教えてくれてありがとう。何も知らなかった」と言い、「子どもたちを外に出さない」と約束してくれました。

同日、飯舘村から通うスタッフが、犬と猫を連れて麦の家に避難してきました。着くなり彼女は、「放射能なんか怖くないけど、仲間が誰も訪ねてくれなくなることに耐えられない」と大声で泣きました。いちばん仲のよかった２家族が13日に我が家の子どもたちといっしょに避難したからです。

その時点で、飯舘村がその後、計画的避難区域になるなどとは誰も思っていませんでした。

政府は、「ただちに健康への影響はない」と言い続けていました。

隠された情報

3月15日の無用な被曝

情報がなかったために、また、国や県の指導が間違っていたために、放射線量が最も高かった3月15日、いろいろな場面で、いろいろな人が「無用の被曝」をしてしまいました。

15日は、県立高校の合格発表の日でした。悪いことに、その日、福島市内は雪でした。多くの受験生たちは何も知らされずに、雪のなか、外で合格発表を見ていたのです。

ある高校の先生が、「どうしても、外で発表しなければならないのですか。せめて、校舎の中でやることはできないのですか」と校長に掛け合ったそうです。しかし、聞き入れられませんでした。その人はその後、「子どもたちに無用な被曝をさせてしまった」と、自分の無力さを悔やんでいました。

飯舘村のある自治会長さんは、同村が高線量であることを、役場の前で職員が測定していた数値を見て知りました。そのことを「住民に知らせよう」と思い、地区の住民を集会場へ集めました。それが15日でした。

震災直後は、ガソリンも水も食料もなくなりました。人々はガソリンを求めて給油所に、食料や水を求めてスーパーや給水所に、小さな子どもの手を引いて並びました。雪が降った15日にも人々は、屋外で何時間も並んでいたのです。なぜ、あのとき、せめて子どもたちには「室内待機」の指示が出せなかったのでしょうか。

放射能を含む雪が降る（福島市飯野町にある共働福祉農園麦の家。2011 年３月 15 日）

ガソリンを求めてガソリンスタンドに並んだものの、緊急車両以外、ガソリンスタンドでは給油できない状態がしばらく続く

そして、15日の夜、長男の仁が泣きながら電話をかけてきました。「自分のいちばんの親友が、福島のガソリンスタンドで雪のなか、今日一日じゅう仕事をしていたんだよ。どれだけ被曝したかわからない」と。

「県外避難」をすばやく決めた人たち

双葉町に住む友人が、86歳の父親を連れて避難所から我が家の別荘に移ってきたのは13日でした。「3日もすれば帰れるから」と言っていた彼でした。しかし、15日の3号機爆発の映像をテレビで見たとき、「もう双葉はだめだ。ここ福島市も危険だ」と言って、翌16日、県外へ避難していきました。

原発から5㎞の場所で有機農業を長年営んできた彼にとって、それは苦渋の決断でした。しかし、私の周りに住んでいた、原発について以前から反対をしていた有機農業の仲間たちも、11日の夜から県外への避難を決めました。農薬よりも危険な放射能が降ってきたのですから、当然です。

15日午前2時過ぎ、原発の状況が悪化していることをラジオで聞いて帰ってきたヘルパーの一人と私は、麦の家のテレビでニュースを見ていました。そのとき、事務所から見える道路を赤いランプを回しながら車が何台も通りました。それは、原発のほうへ行くのではなく、反対方向へと流れていました。もしかしたら、東京電力（以下、東電）の社員が避難しているのではないかと思いました。東電は、2号機のベント（排気）を15日午前零時ごろ実施しています。それを考えると、つじつまが合います。

後日、聞いたところによると、11日に避難したのは、原発労働者の家族と、東電の社員と、医者の子どもたちだったということです。原発の危険性を熟知していた人たちだけが、すばやく避難したのです。市民にはまったく正確な情報は伝えられていませんでしたが。

自分で判断しなければ「いのち」は守れない

今回の原発事故で痛感したのは、即座に自分で判断しなければ「いのち」は守れないということでした。実際、早期に避難を決めた人たちは、テレビなどマスコミからの情報ではなく、インターネットからの情報で判断した人が多かったようです。

過去の公害問題を見て、「真実は隠される。企業を守るため、国民は捨てられる」ことを経験上知っていた人々は、政府の「大本営」発表しか発信しないマスコミを信じることはありませんでした。

ＭＯＸ燃料の入っている3号機が爆発した後でさえ、事故を過小評価しようとする政府の姿勢は変わりませんでした。プルトニウムが外に出ていた可能性は高かったのですが、それさえも、「プルトニウムは重いから遠くへは飛ばない」と言い切りました。

目に見えないほど小さいプルトニウムが「飛ばない」とは、素人ながら、どうしても思えませんでした。

20㎞圏外の市町村では、当然、行政側が住民に「避難」をすすめるはずもなく、注意を促すこともありませんでした。それどころか、20㎞圏内の避難者を受け入れ、しかも、野外での炊き出しを行っていたのです。

南相馬市の住民は、飯舘村に避難していたのですが、実は、飯舘村のほうが南相馬市よりはるかに線量が高かったのです。後で判明したことでした。

100ミリシーベルト安全キャンペーン!?

「まったく健康に影響はありません」のキャンペーン

福島県や市町村の情報もあてにはなりませんでした。川内村が村長の判断で「全村避難」を決めたことと、三春町が町独自の判断でヨウ素剤を町民に配布したこと以外、県も各市町村も独自には何一つ判断しませんでした。ただ、国の指示を待つばかりでした。

福島県が行ったことは3月末からの「100ミリシーベルト安全キャンペーン」でした。佐藤雄平知事の要請で、3月19日に福島県放射線健康リスク管理アドバイザーに就任した長崎大学教授、後に福島県立医科大学副学長に就任した山下俊一さんは、いわき市を皮切りに開かれた各地の講演会で、次のように話しました。

「１００ミリシーベルト以下の影響は証明されていません。チェルノブイリでは、ヨウ素のみ、１００ミリシーベルトを越さなければ、まったく健康に影響はありません。放射能の影響はニコニコ笑っている人には来ません。クヨクヨしている人に来ます。これは、明確な動物実験でわかっています」

「１００ミリシーベルトを浴びても、妊婦、乳幼児でも大丈夫」

「放射能を浴びなくても、２００人中約１００人の人ががんで死亡します。１回に１００ミリシーベルトを浴びてようやく、２００人中一人の方ががんで死亡します。その程度の影響しかありませんから大丈夫、安心しなさい」

山下さんについたあだ名は、「ミスター１００ミリシーベルト」です。実は、１００ミリシーベルトというのは、年間なのか一生なのか１回なのか、はっきり言いません。福島市の「市政だより」のなかに、毎月、放射線の記事がありますが、そこにも書いてありません。聞く側が勝手に「年間」と思うのです。

各市町村が独自に委託したアドバイザーの方々も「放射能の影響よりも、それを心配するストレスが病気を引き起こす」と、その考えを住民の間に徹底させて回りました。

それを聞いて、故郷に残りたい人たちは、「大丈夫なんだ」と、彼らの言うことを信じようとしました。

「不安」を口にできない状況

こうした行政が行う講演会会場では、「今の状況が危険ではないか？」などと質問すると、「危険を煽る発言をする人は会場から出て行け」とさえ、言われました。

その当時は、放射能に対する不安を口にすることさえできない状況にあったのです。

また、「SPEEDI（緊急時迅速放射能影響予測ネットワークシステム）」という100億円もの巨額をつぎ込んでいたシステムがあったことすら、私たち住民には知らされていませんでした。公表されたのは、原発事故から13日がたった3月24日のことでした。

そして、そのデータが福島県庁には事故から3日後には届いていたにもかかわらず、「県知事の命令で消されていた」という事実が発覚したのは、2012年3月のことでした。

食品の暫定基準値は事故直後、500ベクレルに引き上げられました。これ以下なら、汚染されていても、普通に市場に出回ります。県や国はウクライナやベラルーシの基準値を公表しませんでした。

内部被曝はほとんど考慮されることなく「年間被曝量20ミリシーベルト」が決められたのです。そして、今後ジワジワと出てくる低線量被曝による健康被害は、「因果関係が証明されないから」と、何の手だてもしません。

それどころか、これまでになかった「１００ミリシーベルト以下」のデータを集めるために、福島県民２００万人をモルモットにしようとしているのです。

そういうことを私たち市民が「おかしい」と発言しても、マスコミは正確な情報を流してくれません。チェルノブイリでは、子どもの甲状腺がんの健康被害以外は何もなかったことになっているからです。「正しい放射線の知識」「科学的に証明されたデータ」によって講演する講師の話のもとになっているのが、このチェルノブイリのデータです。最初から、「健康被害がない」ということが前提なのです。

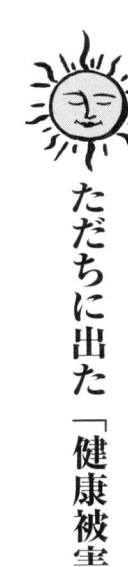

ただちに出た「健康被害」

「ただちに健康への影響はありません」の知らせ

放射能は、普通の人には「見えない」「臭わない」「味がしない」代物です。原発事故後も、「うつくしま、ふくしま」（「21世紀の美しい生活圏～美しいふくしまの創造～」という思いを込めた造語として流布している）の風景は、今までとまったく変わっていません。しかし、そのなかに放射能は確実に存在しています。私は、福島はそれこそ「美しい戦場、見えない戦場になった」と思いました。

戦場にした張本人は政府だと思います。「いのち」よりも経済を優先してきた政府によって落とされた3個目の「原爆」が、3・11の原発事故でした。その戦場の炎のなかに、今も子どもたちが放置されているのです。

事故後、何度も何度も繰り返しテレビ放映のなかから流れてきたのは、当時、内閣官房長官だった枝野幸男さんの「ただちに健康への影響はありません」の言葉でした。

彼は、原発から30㎞地点の場所が「毎時100マイクロシーベルト」という高い値を検出した、と文部科学省が発表した際も、「ただちに人体に影響を与える値ではありません」と繰り返していました。

その彼の「ただちに健康への影響はありません」という言葉は、私にはずっと、「将来、影響があります」というふうに聞こえていました。

人々の心がバラバラにされて

枝野さんの言葉を裏切るかのように、「ただちに出た健康被害」がありました。それは、「人々の心がバラバラにされた」ことです。この被害がいちばん恐ろしい被害だと思います。

人々は、家庭で、地域で、職場で、意見が分かれ、心はバラバラになりました。自分以外の人の考え方を受け入れられないので、自分も苦しく、相手も苦しくさせるのです。

本来、怒りをぶつける相手は東電であり、政府であるはずです。しかし、そこに向かって声が出せないために、その代償として、悶々とした怒りを身近な人にぶつけるのです。人々は、日々、自分と違う考え方の人をいかに許容するかを突きつけられながら、毎日を送っているのです。

私の場合は、子どもたちを彼らの「選択の余地なく」避難させました。彼らは私に従ってついてきてくれました。しかし、山形に行ってから次女は「転校を拒否」しました。その後、転校は承諾してくれましたが、1日だけ登校し、「明日から学校には行かないから」と、登校は拒否しました。

私は、「いのちを大事にする教育をしない、こんな文科省の指導要領のもとで勉強するなら、行かなくてもいいよ」「いのちをいちばん大事にしてくれる教育の場を、お母さんがつくるぐらいの気持ちでいるから」と言いました。

それくらいの覚悟がないと、自主避難地区の子どもたちを避難させることはできません。子どもたちは、友達といっしょにいたいのです。大きくなるほどそうです。中学生・高校生は絶対に動こうとしません。「死んでも動かない」という子どももいるくらいです。

仕事をしている人は、「仕事がなくなったら生活できない」ということで動けません。自主避難者には十分な保障がないからです。ですから、避難しているのは、乳幼児を抱えた母子避難の方が圧倒的に多いのです。家族はバラバラにされてしまいました。

ギクシャクした人間関係に

地域でも、人々の心は分断されました。私だけでなく、原発のことを勉強していた人たちは3・11の夜中から避難を始めていました。しかし、避難した人たちを見て、近くの人たちは「黙って出て行ったあいつらは何なんだ」と非難しました。

職場でも、同僚が「あの人たちは、私たちを見捨てて行った」と。

避難した人にとっては、「政府が何も言っていないのに、放射能が飛んできているかもわからないのに、近所の人たちに、夜中、説明してから出かけたりするわけにはいかなかった」はず。だから、黙って出て行かざるをえなかったのです。しかし、残された人々は、「何で、あのときに言ってくれなかったのか」と思うわけです。

「避難」ですから、人々は「一時的に避難して、いずれは帰ろう」と思って出て行ったのです。しかし、避難せず（できず）「見捨てられた」という思いの消えない人たちとは、戻ってきたときギクシャクすることになりました。また、「戻りづらい」という状況も生まれてしまったのです。

「避難」を巡っては、家族間でも、当然、意見は違います。おじいちゃん、おばあちゃんに「内緒で出た」という人もいました。「言っても理解してもらえないから」と。「避難する必要はない」という夫を置いて、子どもだけ連れて避難した女性もいます。その結果、最終的に離婚にいたる家庭まで出てきてしまったのです。
そういう現象が、あらゆるところで起こりました。

心を閉ざす

「できれば、この土地にとどまりたい」という人たちは、「ここは放射能で汚染された」という言葉を聞くことすら拒否します。「自分の故郷を、そんな汚いものを見るような目で見ないでほしい。語らないでほしい」というのが、彼らの本心です。

ほとんどの地元の人たちは、どこにも行くところがないのです。親戚を頼っても、いられるのはせいぜい1週間か1ヵ月です。そうであれば、「ここに住むしかないじゃないか」というわけです。そこに住む限りは、どんなに汚染されていようが、高レベルの放射能があろうが、そこで生活しなければなりません。

そうすれば、「心を閉ざす」しか道はありません。「聞かないようにする」しかないのです。「汚染している」と警告する人とは、もう話したくないのです。先祖代々、愛着をもってそこで農業をしてきた人たちほど、その土地を投げ捨てて出ることは、難しいのです。

そんな「ストレスフル」な状況が、早い段階から出現していました。がんになることだけが「健康被害」ではないのです。「風景が何も変わっていない」ことも、精神的な健康被害を大きくした要因の一つでした。この現実を受け入れることができないのです。

実際に出た放射線の影響

精神的な健康被害以外に、体への直接的な影響も出ました。軽い症状なので、それが将来的に重い病気につながるかどうかはわかりません。

すぐに出た症状としては、鼻血、下痢、目の周りの隈、手足のピリピリ感などです。もともとアトピーのあった子どもたちは、アトピーがひどくなりました。

私自身、3月から6月ごろまで、足の裏と手のひらが、ずっとピリピリしていました。

7月に入ったころからは、セキが毎日出ました。そして、咳き込むと痰が出ました。セキをすることで、肺に入った異物を出していたのだろうと思います。手の皮もむけました。

私の友人も同じようにセキが出て、痰が出ました。しかし、その人はその後、顔が腫れてまん丸になってしまいました。

ある日、突然、何もできなくなって、「うつ病」だと診断された人もいます。しかし、その人自身は、自分の症状を放射線被曝特有の「ぶらぶら病」だと言っています。

これらの「異常」は、3・11以前にはなかった症状です。こんなことが、福島では次々と出ています。これもまた、「ただちに出た健康被害」です。

第2章

自然農による30年間の自給生活

田植え1ヵ月の稲。自然農では草や虫は大切なもの

支え合って暮らす理想郷

季節の恵みとともに歩む日々

２０１１年3月11日の原発事故で家を後にするまでの30年間、私は祖父母の代から約１００年間住んできた福島県伊達郡川俣町で自然農を行う百姓をしていました。農場の名前はやまなみ農場です。そして、石油や電気に頼らない、自然とともに歩む自給自足の暮らしを日々大切につむいできました。

無農薬・無化学肥料、不耕起栽培で、米、野菜、大豆、雑穀、果樹をつくりました。鶏と山羊も飼い、それらを材料にしたさまざまな加工品もつくっていました。

春、山菜の季節には、農場内を一周すれば、その日に使う料理の材料が手に入りました。とれたての野菜、山菜を薪ストーブで調理し、お風呂も薪で沸かしました。

夏は窓を開け放し、クーラーはもとより、扇風機もよほど暑いとき以外は使いませんでした。洗濯もできるだけタライと洗濯板を使って行いました。

冬の暖房は炭炬燵です。湯沸かし器もシャワーもありません。冬は寒く、夏は暑いのが自然の摂理。温度は衣類で調節するのがあたりまえという考え方でした。

家族に見守られて自宅出産

私には、仁（１９８２年生まれ）、麻耶（１９８６年生まれ）、耕太（１９９１年生まれ）、友生（１９９３年生まれ）、美菜（１９９７年生まれ）という５人の子どもたちがいます。

一人目の出産のとき、夫の和夫が買ってきてくれた『お産革命』（朝日新聞社）を読み、病院でのお産が病院の都合による薬と機械に頼った妊婦不在の出産であることを知り、「病院では絶対産まない」と決めていました。

一人目と二人目は、地元の母子健康センターで、助産婦さんの温かい励ましのなかで産みました。３人目は、同センターに勤めていた助産婦さんに自宅に来てもらい、自宅出産をしました。

そして、４人目は、３人の子どもたちと友人二人に見守られながら、夫が「にわか助産師」をつとめて、二人で産み、二人で赤ん坊のヘソの緒を切りました。

産後１時間ほど、赤ちゃんはヘソの緒をつけたまま、私のお腹の上で気持ちよさそうに手足を動かしていました。私は赤ちゃんに話しかけながら、赤ちゃんについている「体脂」を体に十分に擦り込んでやることができました。今までのお産のなかで最高のお産であったことに感動しました。

5人目も自宅で夫に取り上げてもらう自宅出産をしました。

新しいいのちを迎える場所として、家族の見守る自宅ほどふさわしい場所はない、という思いは今も変わりません。

いずれも自然分娩だったので、私は産後の回復も早く、母乳もよく出ました。母乳を飲ませ、布オムツで子育てをしました。そして、生まれて半年ごろからは、田畑のなかに連れ出し、私たちが仕事をしている間は、ゴザを敷いてその上に寝かせておきました。

そんな暮らしのなかで、子どもたち5人はほとんど病気もせず、元気に育ってくれました。

手づくりの「エネルギーを自給する家」

自宅兼倉庫は、「壊したときにゴミにならない家」「エネルギーを自給できる家」をめざし、夫がコツコツとつくり続け、7年の歳月をかけて完成させました。解体した古い合掌造り建築の骨組みを生かし、地元の木材を使った在来工法でつくりました。床下には、3年かけて調達した籾殻の炭を敷きました。

建坪70坪という大きな家で、部屋数は五つ。屋根裏部屋、地下室、木造ガラス温室付きです。リビングは50畳という広さでした。そんな広さにもかかわらず、夜つけるのは60wの電球一つ。人のいるところだけ灯しました。

屎尿処理にはバイオガス発酵槽を設置して、天然ガスを自給しました。ガスは台所で料理に使い、液肥は肥料として畑に戻しました。

やがて、このような暮らしぶりに魅力を感じた人たちが我が家を訪れるようになり、見学者は年間３００人ほどにのぼりました。また、毎年、自然農の研修生も受け入れ、50人が巣立っていきました。研修生の何人かは近くに住むようになり、小さな共同体もでき、「支え合って暮らしていく」基盤がようやくできかけていました。やまなみ農場は、「自給する人を増やしていく」という大きな目標に向かって順調に進んでいたのです。

２０１１年2月には、次女・美菜の部屋がなかったので、夫が家をリフォームして建ててい

やまなみ農場の畑と自宅兼倉庫。建物は７年の歳月をかけて手づくりで完成

バイオガス発酵槽を設置し、天然ガスを自給。液肥は肥料として畑に戻す

作業の手を休めて、ともにスイカを頬ばる

る最中でした。美菜はとても楽しみにしていたのですが、その完成を見ることはかないませんでした。

原発事故は、こんな私たちの理想郷のような生活を奪い去ったのです。

山が波のように押し寄せる「やまなみ農場」

自然卵養鶏法で鶏250羽を飼う

私が30年間を過ごした我が家の農場は、「山が波のように押し寄せてくるところ」という意味から、やまなみ農場と命名しました。まさに、その名のとおり、農場の周りは東も南も西も「山」でした。私はその「やまなみ」が大好きで、逆から読むと娘二人の名前になります。

「昭和の大合併」で1955年に1町7村が合併してできた人口2万7000人の川俣町は、昔、「養蚕と機織の町」として栄えていました。しかし、繊維産業が下り坂になってからは養蚕農家もわずかとなり、放置されている桑畑があちこちで目立つようになっていました。織物工場は次々と転職し、人口は減る一方でした。

やまなみ農場のある谷沢《やざわ》地区は、23世帯の地区でしたが、40年ほど前から住宅が増え、現在は約150世帯となります。農家のうち、専業農家は我が家のみとなっていました。夫は大正時代から農業を営んできた農家の３代目に当たります。所有する土地は、山林25ha、畑1・5ha、水田1ha。生計は自然卵販売、自然農米販売、自然農で手がける野菜・加工品などの販売の３本柱で立てていました。

鶏250羽を自然卵養鶏法（岐阜県下呂市の中島正《なかしまただし》さんが「薬を与えず自然を与えよ」の考えで確立した小羽数、平飼いの飼育技術）で飼い、毎日約100個とれる卵は、契約している70世帯に、毎週、届けていました。お米は自然農米のコシヒカリがメインですが、もち米、黒米、赤米なども栽培し、大麦、ヒエ、タカキビ、アワ、アマランサス、ハトムギ、エゴマなどの雑穀も数多く栽培していました。

加工品も、30種類以上、つくりました。漬け物は、梅干し、三五八漬け、粕漬け。お茶は、麦茶、ハト麦茶、スギナ茶、笹茶。その他に干し柿、シソジュース、梅シロップ、練り梅、柿酢、せんべい、味噌などを、毎年つくりました。野菜は多品目少量栽培で、約50種類を栽培しました。どれも、基本的には家族が生きていくために必要な自給用です。

慣行農業から有機農業への転換

私が農家の長男である夫と結婚したのは1981年、22歳のときでした。高校を卒業してから町の商工会に勤めていましたが、結婚した翌年の82年から私も農業に従事しました。夫の家は1980年まではコンニャク、キュウリ、養蚕を3本柱とする農家でしたが、同年12月の大雪で養蚕小屋が潰れたのを機に養蚕をやめました。いわゆる慣行農業で、農薬も肥料も使う農業でした。

私が農業に従事するようになった82年からは、慣行農業をやめ、有機農業への転換をめざしました。きっかけは長男・仁の誕生でした。

私は高校生のときに、有吉佐和子さんの書いた『複合汚染』（新潮社）を読み、衝撃を受けました。そして、本のなかから次のことを学びました。

「農薬、化学肥料、食品添加物、放射能などの化学物質が、いかに人間にとって危険なものであるか。その一つひとつの害はたとえ小さくても、それらが複数集まったとき、どんなことが起こるかは、だれも検証していない」

そのことを知ったとき、私は、「自分が子どもをもつときには、これらのものから子どもを守らなければ」と思いました。それで、長男を妊娠したことを知ったとき、「子どもに安全な食べものを食べさせたい」と思ったのです。

夫が『お産革命』（朝日新聞社）といっしょに買ってきた数冊の本のなかに、前に述べた中島正さんが書かれた『自然卵養鶏法』（農文協）がありました。この本が、有機農業への転換を導いてくれたのです。その鶏糞を使って野菜を無農薬でつくることができました。

有機農業を始めたばかりのころは、まさに「有機農業は地球を救う」と思い、規模拡大をめざしました。卵は「田舎たまご」と命名し、多いときは１０００羽を飼い、生協や宅配で各家庭に届けました。順調に売り上げも伸び、経営は安定しました。しかし、５年目ごろから、その思いは消えていきました。それぞれの方の考え方、取り組み方によるかもしれませんが、有機農業は、「これまでの慣行農業となんら変わらない」ということに気づいたのです。

違うのは大事なこととはいえ、「農薬と化学肥料を使わない」ということだけでした。大型機械も使えば、ビニールハウスも使います。田畑の草や虫は邪魔者扱いでした。

有機農業でも、大規模農家になればなるほど、モノカルチャー（単作化。特定の１種類の農作物を栽培すること）に近くなり、自給するゆとりはありません。「有機農業イコール自給生活」だと思っていた私には、そうした有機農業での規模拡大への情熱は薄らいでいきました。

有機農業から自然農へ

生きものたちの楽園に

１９９１年秋、転機が訪れました。奈良県桜井市で自然農を実践し、奈良県室生村と三重県名張市にまたがる谷戸《やと》で「赤目自然農塾」を開いていた川口由一さんの講演会に夫が参加しました。彼は、そのときスライドに映し出された稲の姿に感動し、自分でも「ぜひ、あんな稲をつくってみたい」と思ったのです。

私は、川口さんが書かれた『妙なる畑に立ちて』（野草社）を一晩で読みきり、「目から鱗が落ちる」思いをしました。それまで私が感じていた有機農業での行き詰まりが、その本で見事に解決されたのです。翌92年春、畑6反（約60ａ）、水田5畝《せ》（約5ａ）を自然農に切り替えました。不安や迷いは、まったくありませんでした。川口さんの稲や野菜の姿が目に焼きつき、自分でもすぐにそういう稲や野菜がつくれるようになると信じていました。

自然農での田畑は、予想どおり、感動の連続でした。

1年目は、畑に立ったとき、何やら地を這うように動くものがありました。よく見ると無数の地グモでした。また、野菜の苗を植えようと、移植ベラで穴をあけると、あけた穴のすべてからミミズが出てきました。ミミズが土を耕してくれていたのです。

3年目の水田では、セリを刈っていると、背中に卵をつけたコオイムシのオスが次々と前へ逃げていく姿が見えました。4年目には、畑に入ると、子どものころ、野原で嗅いだなつかしい香りがしました。

7年目には、見学に来た方が、「こんなにたくさんのトノサマガエルを見たのは子どものころ以来で、感激しました」と言うほど、生きものたちが増えました。水田に小さな生きものたちが増えたせいで、野生のカモが田植え直後から飛来するようになり、多い日には30～40羽のカモが、エサを求めて水田を泳ぎまわっていました。
10年間やってきた有機農業の田畑ではなかったことです。

草は敵ではなく「大切なもの」

自然農と有機農業のやり方の違いは何でしょう。「耕すか、耕さないか」ということと、「堆

赤目自然農塾（奈良県室生村と三重県名張市にまたがる谷戸）で、稲づくりを指導する川口由一さん

山合いの谷戸にある赤目自然農塾。田植え、刈り取り、はざ架けなどから脱穀、精米、さらに麦、雑穀、野菜、果物づくりなどまでの実地講習があり、全国各地から幅広い層が参加する

肥を施すか、施さないか」ということです。特に「耕さない」ということが、土のなかの小さな生きものたちにとっては大きな違いになっていたのです。

また、「草」や「虫」に対する考え方も大きく違います。有機農業をしていたとき、草はまさに「敵」でした。田畑には、作物以外、あってはいけないのです。そのため、来る日も来る日も、草取り作業が続きました。しかし、草は絶対になくなりません。

これに対して、自然農では、草は「大切なもの」です。虫たちの棲み処《か》であり、エサでもあるからです。放置された畑ではカヤが大きな株になります。しかし、そのカヤですら敵ではないのです。それを証明してくれたのが長ネギでした。ある年の5月、直径1mほどのカヤの株を刈って、その株の中に長ネギの苗を植えました。カヤが伸びるたびに刈り倒し、その場に敷いておきました。すると8月、長ネギは見事に育っていました。

農家が嫌う草の代表のようなギシギシでさえ、野菜にとっては邪魔にならないのです。10本のギシギシの真ん中にあってさえ、サラダ菜は大きく育ちました。ハクサイも同様に、ギシギシと共生しながら大きく育っていきました。

「耕す」ことを完全にやめる

耕すことは虫たちの大量殺戮

自然農を始めて2年目の1993年、その年は稲づくりを1年間休みました。自然農を始めると同時に、家づくりを始めましたので、その作業に専念したかったからです。

翌94年、稲づくりを再開しました。1年間休んだ水田を耕運機で耕し、代掻きをして田植えの日を迎えました。

そこで目にした光景は、おびただしいほどのミミズの死骸でした。

1年間耕さなかっただけで、この数です。何年も耕さなかったら、どれほどミミズが増えるかわかりません。このミミズの死骸を見て、耕すことが、土のなかの虫たちにとっては「大量殺戮以外の何ものでもない」ことを知り、胸が痛みました。

田畑にミミズが増えるということは、それだけ田畑の土がやわらかくなり、ミミズの糞尿で土も肥えてくるということです。

このミミズのいる田畑にするためには、「耕さない」ことが一番なのです。耕せば、ミミズだけではなく、その他の小さな生きものが住めない環境になるのです。草を生やし、刈ってその場に置きさえすれば、虫たちが喜んで田畑を豊かにしてくれるのです。

しかし、それだけわかっていても、なお、完全に耕すことをやめられなかった水田がありました。水漏れする水田でした。水漏れするため、「代掻きをしなければ稲はつくれない」と、頑《かたく》なに思い込んでいたためでした。

水漏れする水田でも稲は育つ

２００1年春、その思い込みを捨てさせるほどの大きな出来事がありました。10年目となった水田の土を初めてはがしてみました。すると、そこには、実にふくよかな、小さな生きものたちの棲み処がありました。

そのすばらしい土を見た夫は、どうしても切り換えられなかった水田2反（約20ａ）を、「水漏れがしても、収量が落ちてもかまわないから、自然農にする」と言い出したのです。

水田に水が回らないかもしれないほどに水漏れする水田が1反（約10ａ）あり、最悪の場合、稲づくりを諦める覚悟でいました。夕方から水を入れて翌朝止めると、その日の夕方にはすっかり水が抜けてしまうほどの水田で、その水田の水の管理は大変でした。

実は意気揚々として自然農に切り換えた1年目の水田は、反収1俵という悲惨な結果でした。しかし、水漏れする水田にもかかわらず、1年目の稲の姿とは似ても似つかない成長ぶりでした。そして、秋には、10年目の水田とほとんど変わらないほどにすばらしい稲の姿が、その年に切り換えた2反の水田にありました。

水漏れする水田でも、水量が十分にある水路をもっている水田であれば、稲が育つことを証明できたのです。これで、やまなみ農場は、すべての田畑を耕さずにつくることができるようになりました。「できない」という思い込みが、新しいことへの挑戦を阻むことになることを、身をもって知りました。

すべてのいのちを生かす自然農

茎だけになっても再生するブロッコリー

作物の収穫を終えた畑は、通常は、耕してから次の作物を植えつけます。しかし、自然農の畑では、前作がまだ収穫を終えていないうちから、次の作物を植えます。そのため、有機農業のときには考えられなかったことが起こってきます。

あるとき、ブロッコリーの収穫を終え、根元10㎝を残して切り、その場に倒しておきました。葉はなく、茎だけの状態です。すると、数日後、その根元からブロッコリーの小さな芽が2本伸びてきました。試しに、そのまま育てることにしました。

スクスク育ち、2本とも立派に再生しました。1回目のときよりはやや小ぶりでしたが、1本の苗から3個のブロッコリーが収穫できることを知りました。茎だけになっても、なお「子孫を残そう」とするブロッコリーの生命力の強さに感動しました。

ブロッコリー以外でも、同じように収穫した切り株から芽が出るものに、キャベツ、レタス類があります。何本も芽が出るので、芽搔きをして1本にしてやると育ちます。すべてが1回目と同じように再生するわけではありませんが、畑に根を残す自然農だからこそ、出会える感動の一コマとして、毎年、試していました。

苗を抜かないで見守ると…

自然農を始めて、草や虫、作物からさまざまなことを学びました。なかでも、私が最も感動した出来事は、自然農2年目の夏、一粒の小さなキャベツの種をまいたことから始まりました。

キャベツは、8月下旬に種をまき、翌年6月ごろが収穫です。大きくなったものから収穫していきます。そして、収穫の終わったところには、随時、次の野菜を植えていきます。

小さい苗は収穫も遅れますし、結球しても小さいキャベツしかならない場合もあります。それはそれで利用の仕方がありますので、いっこうに差し支えはありません。

こうして育ったキャベツのなかで、その年の8月が過ぎても結球しないものがありました。そのまま様子を見ていますと、10月ごろ、ようやく結球しました。種をまいてから1年以上かかったことになります。

これは自然農だからできる技だと思っています。抜こうと思えば、抜くこともできるのです。しかし、抜かないで見守ること、そこに自然農の自然農たるゆえんがあるのです。

作物一本一本の生命を、大切な、同じ生命として見ること。小さいからといって、差別しないこと。これが、自然農なのです。

ギシギシの中で力強く育つサラダ菜

キャベツも草とともにみごとに育つ

自然農で育った野菜をかかえる子どもたち

自然農の奥深さに改めて感動

慣行農業から有機農業へ、そして自然農へと転換してきて、初めて気づいたことがありました。慣行農業や有機農業では、「作物を育てることは、人間にとって必要とされるもの以外を排除すること」ということでした。

草や虫はもちろん、作物であっても、小さいもの、形の悪いものは「出荷できない」という理由で、捨てられてしまいます。自家用であれば捨てることなく利用することができますが、出荷用はそういうわけにはいかないのです。そう考えると、従来の農業は、「生命を大切に考えている」とは、どうしても思えなくなりました。

畑で行われていることと同じことが、人間社会のなかでも、日々行われているのではないかと思うのです。学校で、職場で、地域で、家庭のなかでさえ。他の人と協調できない人、個性の強い人、働けない人、障がいのある人、いろいろな人が差別されている社会は、農業の現状と同じではないかと思えたのです。

そのことに気づいたとき、改めて自然農の奥深さに感動しました。

自然農では、田畑に「作物だけがある」というのは不自然なことなのです。自然農の畑は、「育ちの悪い野菜でも精いっぱい生きていて、必ず、いつかは花を咲かせ、実をつけるのだ」ということを教えてくれました。

有機農業だけを続けていたら、けっして気づかなかった「真実」でした。

「自然農自給生活学校」開校

1996年から、自然農自給生活学校を始めました。自然農を始めてから見学者や研修を希望する人たちが増えてきたため、その人たちに、自然農の田畑から学んだことや、昔からの自給の知恵や技術を伝えようと思ったのです。

研修生の受け入れは、毎年3月から12月まで。研修生は、研修生用の田畑で、自分の食べる米、野菜、雑穀などを自給します。作物を育てながら、今の社会のなかで切り捨てられてきた、生きるために大切な「人と人とのつながり」や、「自然の営みと恵みに感謝する心」を取り戻すことを学びます。そして、「自分にいちばん合った生き方」を見つけ出して、巣立っていきます。

穀物の種をまく（著者）

ガラス温室内。昔ながらの踏み込み温床で野菜苗（自給用、出荷用）を育てる

やまなみ農場研修生の作業

研修生は、北は北海道から南は沖縄まで、遠くは、アメリカ、イギリス、アルゼンチンからも来ていました。研修に来る「きっかけ」は、「健康を害した」「食料・環境問題に関心がある」「青年海外協力隊員などで海外に住んだことで、日本について考えるようになった」など、さまざまでした。年齢も10代から50代までと幅広く、個性豊かな人たちでした。

誰もが願う本当の幸せを見つける第一歩を、この自然農自給生活学校で踏み出してもらえるようにと、やまなみ農場を拠点に、これまで行ってきました。しだいに人数も増え、学校の修了後も「近くに残りたい」という人も出てきました。そのため、当時あった農地や宿舎だけでは足りなくなり、２００５年には、新しい土地を求め、そこに移転していました。

研修を終えてからも近くで住む研修生たちのために、やまなみ農場以外に、研修施設とあわせて、山林25ha、水田１ha、畑１・５ha、家６軒を確保してきました。そして、そこに住む元研修生や近くに住む仲間とともに、２００２年から、川俣町のなかで地域通貨「どうもないぃ」（通貨単位は「ダベ」）をつくり、金銭を媒介としない、地域での「助け合い（結い）」も始めていました。「どうもないぃ」は、「ありがとう」という意味です。

そして、２００６年7月からは、「ダベ」の使えるお店おてんきやも始めました。毎週土曜日オープンのお店で、平日は無人販売です。

自然農の考え方をもとに福祉の世界へ

「ガイドヘルパー」を始める

２００２年秋から、私はボランティアとしてガイドヘルパーを始めました。ガイドヘルパーとは、身体および知的障がいをもつ人たちが、外出するときに付き添って、その方たちが安全に、しかも楽しく外出できるのを手助けする人のことです。

我が家の「田舎たまご」や野菜を届けていた縁で知り合った、障がい者の自立をサポートする障碍者地域生活センターの所長・井上トヨさんから、「川俣に住む障がい者の方の送迎をやってくれないか」と頼まれたことがきっかけでした。

私だけでなく、やまなみ農場に関わりをもつメンバーが自分の都合のいいときに引き受けるということで、始めることになりました。

２００３年４月から国の制度で支援費制度（後の「自立支援法」）が始まったため、ボランティアのガイドヘルパーはみなしヘルパーとなり、正式に県知事の証明をもらってガイドヘルパーの仕事を行ってきました。

その後、私は２００６年に講習を受けて、外出時の支援だけでなく、日常生活の支援ができるヘルパーの資格もとることができました。

すべての生命が主役

「川俣に住む障がい者」とは安斎幸子さんといって、病気のために手足が不自由な方でした。ある日、安斎さんが言いました。「してもらうばかりで、何もしてあげられない」と。

私は言いました。「そんなことはありません。私にこうして仕事をくださったではありませんか。生まれてきた限り、必ず、誰かの役にたっているんです。赤ちゃんは一人では何もできないけれど、周りの大人たちに笑顔を見せるだけで、そこにいるだけで、相手を優しい気持ち、幸せな気持ちにさせるではないですか」と。

自然農の田畑では、「作物だけが育てばいい」という考えはありません。そこに住み、生きるすべての生命が主役なのです。

そのなかで育った作物だからこそ、生命力のある、味わい深い米や野菜になるのです。「そうした米や野菜を食べてこそ、人間としても、生命力のたくましい、他人のことを思いやれる生き方ができるのかもしれない」

そう考えるようになったのは、障がい者の方との関わりが大きかったと思います。「自然農は、ただ単に、安全な作物をつくることだけが目的ではない」。そう、実感できたのです。

小規模作業所でアルバイト

福島市松川町にファーム松川という小規模作業所がありました。そこは、自然卵養鶏を柱に野菜や彼岸花づくりなどを行う作業所でした。設立したのは安田一郎・タカ子さん夫婦。

１９９６年に作業所を設立するとき、彼らの相談に乗ったときからのお付き合いでした。ところが、２００４年4月、当時、作業所の所長をされていたタカ子さんが、作業中、不慮の事故にあい、意識不明の重態となりました（同年8月、帰らぬ人となりました）。

タカ子さんが事故にあった直後、一郎さんから電話をいただきました。

「研修生のなかで誰か、職員として来てくれる人はいないだろうか」

そこで、「毎日行ける人はいないけれども、数人が交代で行くことはできそうです」と答えて、研修生や元研修生と見学に行ってみました。結局、私を含め４人が交代で、専従の職員が決まる秋まで、農作業や事務仕事を行いました。

私にとって、作業所で働くことは初めての経験でしたが、戸惑うことなく自然に溶け込むことができました。なぜなら、私が育った実家では、知的障がい者も、身体障がい者も、精神障がい者もいっしょに生活をしていたからです。

父は3、4歳のころの高熱がもとで言語障がいと歩行障がいが後遺症としてあり、軽い知的障がいもありました。しかし、精米・製粉の仕事をし、後には現在のコンビニに当たるよろず屋のようなお店を母と営みました。

母は、精神障がい者でした。独身のころ、うつ病だった母ですが、結婚してから症状はまったく出ず、独身のころの彼女を知らない人には「普通の人」でした。その後、うつ病が再発し、五〇歳代半ばで亡くなりましたが、お店を切り盛りしながら、私たち3人姉妹を立派に育ててくれました。

私の両親のように、障がい者だからといって何もできないわけではありません。その人にはその人のできることがあるのです。それぞれのできることを認め合えば、家族のなかでも、地域社会のなかでも、十分暮らしていけると思うのです。

NPO法人青いそら発足

「送迎」が縁で知り合った安斎さんをはじめとする川俣町に住む障がい者とその家族の方々とで、「障がい者や高齢者の方が日中活動する場をつくっていこう」ということになりました。しかし、川俣町にはすでに3ヵ所の授産所がありました。さらに、その年から新たにつくる場合の条件が厳しくなり、新規開所は難しい状況でした。

しかし、既存の授産所に通えない方、高齢者、障がいをもった学生さんの一時預かりなど、多様なニーズに対応できる施設はありませんでした。それならば、「法律に縛られない、自分たちの考えで運営できる居場所をつくりたい」と考え、ヘルパー仲間、元研修生などに声をかけ、実現させました。

２００６年４月４日、共働福祉農園麦の家を福島市飯野町に開所しました。麦の家の基本的理念は、「障がい者、高齢者が生き生きと生活できる社会こそ、健常者も生活しやすい社会

みんなで手打ちそばをいただく（共働福祉農園麦の家の昼食会）

恒例となったお正月用の餅つきイベント（麦の家）

である」です。その根本には、「この世に生を受けたものは、必要があって生まれた」「耕さず、農薬肥料を使わず、草や虫を敵としない」という自然農の考え方があるのです。

週二日の活動日には、利用者、スタッフ、7～8人が集まり、畑作業や、加工品づくり、畑でとれた野菜で昼食をつくる活動をしました。

行政からの援助は一切受けない運営のため、スタッフにはヘルパーやその他の仕事を続けながら協力してもらいました。

1年後の2007年11月にはNPO法人格を取得し、法人としての青いそらが発足しました。理事長には、活動の「言い出しっぺ」である私が就任しました。

2008年4月1日からは、ヘルパーステーションおはようも開所しました。おはようでは、介護保険、支援費利用者へのヘルパー派遣を行い、約20名の方のお世話をしていました。しかし、2011年3月11日以降、若いヘルパーの避難などにより、活動は不安定になり、介護保険サービスは休止せざるをえませんでした。

麦の家の活動は、震災後、利用者が亡くなるなどして人数が減りましたが、ここを拠り所としている利用者がいる限り、続けていこうと考えています。

第３章

子どもたちを守ろうとしない県と国

年間「20 ミリシーベルト」撤回集会（文科省前。2011 年５月）

小・中学校の75・9％が「放射線管理区域」

「原発震災復興・福島会議」から要望書

「新学期が始まると、せっかく避難した子どもたちが帰ってきてしまう。学校の放射線量を測りたい」

障がい者の自立支援をしているＩＬセンター福島の中手聖一さんから電話がきたのは、２０１１年３月28日でした。

私の職場である共働福祉農園麦の家のスタッフがフクロウの会から空間線量の定点観測を引き受けていたので、その人の測定器を借りて、29日と30日の両日、川俣町、福島市の小・中学校7校を測定しました。

すると、思っていた以上に高い数値が出ました。

そこで、中手さん、ＩＬセンター福島のヘルパーである大井友継さんと私の3人で、原発震災復興・福島会議を立ち上げ、福島県教育委員会に次のような要望書を提出しました。

「学校、幼稚園の空間線量を測り、ホットスポットを見つけて除染するまで、始業式、入学

「福島県放射線モニタリング小・中学校等実施結果」の集計

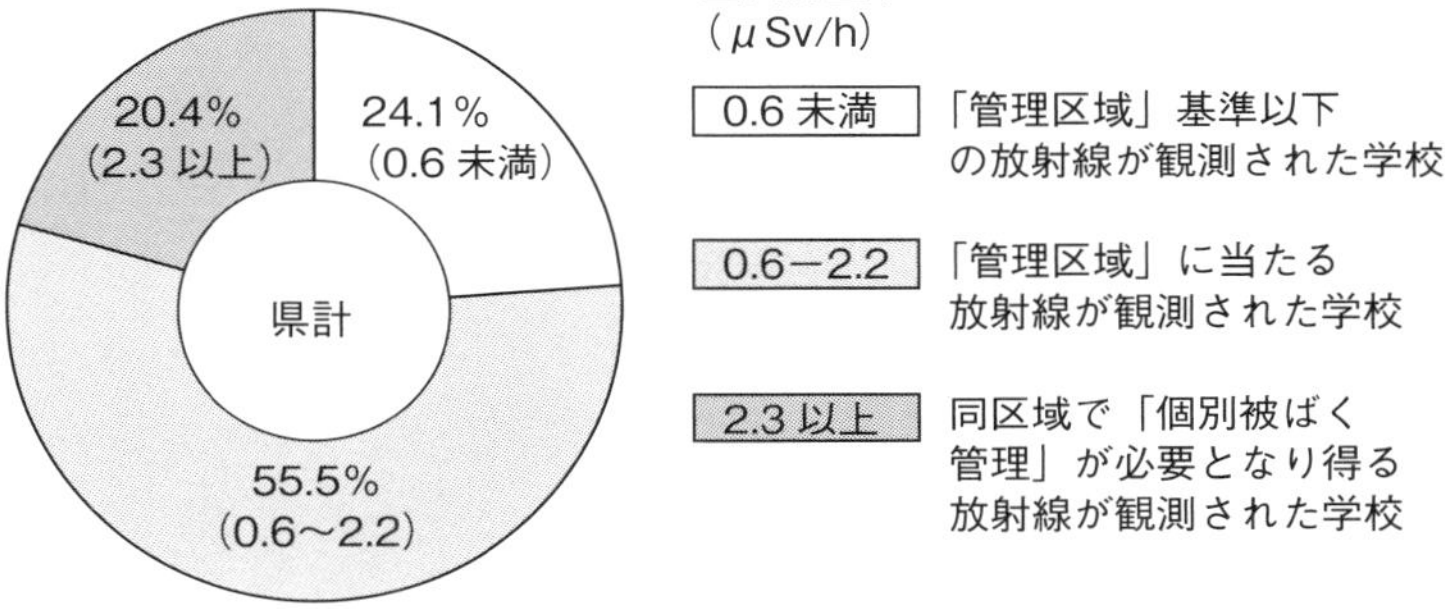

式、入園式を行わないようにしてほしい」

ところが、驚くことに、福島県ではその時点で、ガイガーカウンターさえ持っていませんでした。また、学校などの測定予定もなく、当然、通常どおりに新学期を迎え、授業をするつもりだったのです。

７方面１６３７校で測定

私たちの要望を受け、４月５日〜７日の３日間、県が放射線量を測定（「福島県放射線モニタリング小・中学校等実施」／１ｍの高さ）しました。その結果を見て、愕然としました。県内の小・中学校の75・９％で、「放射線管理区域」を超える放射線が観測されたのです（図）。

実施されたのは「県北」・「県中」・「県南」・「会津」・「南会津」・「相双（避難地区を除く）」・「いわき」の７「方面」、合計１６３７校。

「原発震災復興・福島会議」による集計結果の分析か

ら次のようなことがわかりました。

①調査対象の75・9%で、「放射線管理区域」を超える放射線が観測された。

②全体の20・4%の学校などでは、「個別被曝管理」が必要となりうる放射線が観測されている。

③「方面」別に見ると、「県北」・「相双」で高い放射線量率が観測された割合が高く、96~99%の学校で「放射線管理区域」基準を超えている。特に「県北」では、調査対象校などの56・5%で「個別被曝管理」が必要となりうる水準にある。

④「県中」・「県南」・「会津」・「いわき」では、58~76%が「放射線管理区域」を超えている。なかでも「県中」では20%の学校が「個別被曝管理」を必要としうる放射線量率が観測されている。

⑤「南会津」では、調査されたすべての学校などにおいて、「放射線管理区域」基準を超えたものは0校であった。

ちなみに、「個別被曝管理が必要となりうる放射線量率」は「2・3μSv(マイクロシーベルト)/h以上」、「放射線管理区域に当たる放射線量率」は「0・6~2・2μSv/h」、「放射線管理区域以下の放射線量率」は「0・6μSv/h未満」です。

子どもの年間許容放射線量20ミリシーベルト

２０１１年４月18日、私たち原発震災復興・福島会議は、県内市町村長、同教育長、同教育委員会あてに「進言書」を郵送しました。「小中学等での授業中止及び学童疎開ならびに除染措置について」と題するもので、進言の具体的な内容は、次のとおりです。

1、少なくとも、「管理区域」基準に相当する０・６μＳｖ／ｈ以上の放射線が観測された学校等の授業を中止する

2、全学校等を対象に施設全般の外部線量・放射能濃度・放射能表面密度など詳細調査を行うと同時に、授業再開が一定期間以上困難と判断される学校等では、子どもたちの学童疎開を速やかに進め、教育を受ける権利を確保する

3、詳細調査の結果、「管理区域」基準を超える外部線量・放射能濃度・放射能表面密度がある場合は除染等の必要な措置を行う

4、授業を中止した学校等では、当該校等が「管理区域」基準を下回ったことを確認した後に授業を再開する

しかし、翌19日、文部科学省は、「子どもの年間許容放射線量20ミリシーベルト（1時間当

たり3・8μSv／h)」という基準を決めたのです。

国際放射線防護委員会（ICRP）が定めた被曝線量の上限は「一般人」で「年間1ミリシーベルト」です。「年間20ミリシーベルト」というのは、「放射線作業従事者」の上限値です。たしかに、緊急時には、「一般人」の上限も「20~100ミリシーベルトに引き上げ」ということをICRPは定めています。

しかし、「一般人」は大人であり、子どもではありません。そして、子どもや胎児の放射線に対する感受性は、大人とは比べようもなく高いのです。さらに、ICRPが定めたこの基準値は外部被曝のみで、内部被曝は含まれていないのです。

子どもたちに、たとえ緊急時であったとしても「年間20ミリシーベルト」という高い被曝を許容する政府とは、いったい誰のための政府なのでしょうか。

これは、福島県中通り地域の住民を避難させないための数値であることは、誰の目にも明らかでした。中通り地区には、新幹線、東北本線、高速道路、国道4号線が通り、県の主要都市が集中していたからです。

「本当に、この国は何を守ろうとしているのか」と、怒りが爆発しました。

「病気になっても、医療が発達するから、がんは治せるから大丈夫だよ。それより、経済が立ち行かなくなるほうが大変な問題だ」と言った地元議員の話を聞いたときは、「子どものいのちより経済を優先するこの国を、根本から変える必要がある」と強く思いました。

「年間20ミリシーベルト」撤回集会

「福島県にまだ子どもがいるの？」との問い

「21日に院（参議院）内集会があるけど、幸子さん、21日、空いていない？」
「原発震災復興・福島会議」の中手聖一さんから、言われました。

そのときは、その集会が、２０１１年4月19日に文科省が決めた「子どもの年間許容放射線量20ミリシーベルト」問題についての集会だということを知りませんでした。「木曜日だから、仕事はなんとかやりくりできそう」ということで、引き受けました。

十数年ぶりに上京。しかも一人で東京を歩くのも、霞が関に行くのも議員会館に入るのも、すべて初めての経験でした。地下鉄の国会議事堂前駅から地上に出たとき、ものものしく立っている警察官などを見て「こんなところで24時間も立っている暇があったら、福島に来て原発事故の収束作業をしてよ」と、思わず叫びたくなりました。

道順を聞きながらやっと参議院議員会館に着きました。すると、そこで待っていた人に突然、言われました。

「福島県にまだ子どもがいるの？　なぜ、逃がさないの？」と。

私はそのとき、その言葉に拒否反応を示している自分がいることに気づきました。「福島県に子どもがいることを、福島県外の人から責められる筋合いはない。みんな、いろんな気持ちで福島県に住んでいるのだ」と。

しかし、県外の人たちが、「本当に、心配してくれているのだ」ということがわかりました。会場にはたくさんの人たちが来てくれていました。

子どもの許容放射線量問題への怒り

集会の主催がフクロウの会、国際環境ＮＧＯの FoE Japan、美浜の会、グリーンアクションであることを、集会直前の打ち合わせで初めて知りました。

「福島から来ているのは佐藤さんだけだから、まず、口火を切ってね」

そう言われて、美浜の会の島田清子さんからマイクをポンと渡されました。院内集会に参加するのも初めての私が、打ち合わせなしで、発言することを求められたのです。

最初は、マイクを持って、参加している人のほうを見て話していました。すると、島田さんが、「そちら（官僚たち）を向きなよ」と言って、私の体を官僚たちのほうへ向かせてくれました。突然、文科省、原子力安全委員会、原子力安全・保安院の官僚たちの姿が目に入ってきました。その瞬間、「この人たちに、子どもたちのいのちを守ることができるわけはない」と、本気で思ったのです。

彼らを目のあたりにして出た言葉は次のようなものでした。

「私は中学や高校しか出ていませんが、子どもたちにいのちの大切さを教えてきました。エリート官僚然としたあなたたちに数字で決めてほしくありません」

自分でも驚くほどに、心からの怒りと叫びとなっていました。私がこれまで関わってきた農業、医療、教育、福祉などの分野で、それまで不満に思っていたことへの怒りもすべて加わり、一気にこみ上げてしまったのでした。

院内集会などで、マイクを手に官僚たちにつめよる（右・著者、2011 年４月）

文科省前での「年間 20 ミリシーベルト撤回を求める」集会（2011 年５月）

集会の場に 300 人ほどの方が参加

「いのちよりお金」が悲劇の始まり

ひと昔前までは、最低限の知識や技術は家庭で教え、地域で助け合ってきたものです。それが最近、細分化、専門家されてしまい、「いのち」が見えにくくなってしまいました。「いのち」を取り戻すために、私はあえて自分の本業を「百姓です」と名のっています。

「百姓」とは、「百の仕事をもつ」ことに由来しています。「百」とは「たくさん」という意味です。田畑では無農薬で米、野菜をつくり、鶏を飼い、無添加の加工品をつくり、薪で料理をしてお風呂を沸かす、こんな生活をしていれば、病気にも無縁、自然のなかで子どもたちは逞しく育ち、人への思いやりの心が育っていきます。

生きていくのに必要なものは、本来であれば、自分でつくれなくてはなりません。人類の長い歴史のなかで、「自給自足」はあたりまえでした。それがいつの間にか「百姓」が少なくなり、すべてを買って生活する人が増えてきました。その結果、「お金があれば、何でも買える」「いのちよりお金が優先」の社会になってしまったのです。

原発そのものは、もちろん「お金優先」で成り立っています。しかし、今回の事故では、文科省さえもが「いのち」よりも「お金」を優先させてしまったのです。それが「福島の子どもたちの悲劇」の始まりでした。

自分で考え、判断し、行動できる人が誰一人いない

「年間20ミリシーベルト撤回を求める」２回目の院内集会が２０１１年5月2日に開かれました。私は、福島から10人の仲間とともに参加しました。おみやげに、大井友継さんが準備してくれた福島の放射性物質入りの「土」を持って。

その集会で、「労働基準法で18歳未満の労働が禁止されている放射線管理区域」で、「子どもが遊んでもかまわない」「除染も必要ない」という答弁をした官僚がいました。

その答弁を聞いた私が思わず叫んだ言葉は、「その土、なめてください。子どもは土を食べるんですよ。野球でスライディングするんですよ。その土、食べてください」でした。

その人は、自分の答弁に矛盾を感じないのでしょうか。私には、1年以上たっても、いまだに理解できません。

「年間20ミリシーベルト撤回を求める」２回の院内集会に参加して、わかったことがありました。それは、官僚のなかに、いくら役所のシステムがあるとはいえ、「自分で考えて、自分で判断して、勇気をもって行動できる人が誰一人としていない」ということでした。

それができるのは、子どもをもつ母親、父親、おじいちゃん、おばあちゃん。各人が「一人の個人」という立場になったときしか、できません。組織のなかにいたのではできません。これは国だけの問題ではなく、福島市に行っても、福島県に行っても同じです。

市役所の窓口で、「一人の人間としてどうなのですか」「福島市民としてどうなのですか」と聞いたとき、小さな声で、「私にも小さな子どもがいます」と答えたときの顔は「一個人」の顔でした。みんな「辛いのだ」と思います。「その辛さをわかりながら、やらなければいけないのだなあ」と思って、東京を後にしました。

政府と東電による「無差別大量確率的殺人事件」

避難者総数は約17万人

原発事故後、いったいどれほどの「変化」が福島県に起こったのでしょうか。

まず、人口が激減しました。双葉地方原発反対同盟の石丸小四郎さんが作成した資料「未曾有の原発震災に直面して」（２０１２年５月26日）によれば、２０１２年３月１日現在、人口は１９７万８９２４人です。前年比４万５４７７人の減少です。

そして、避難した人の総数は、県内避難者９万８２２１人、県外避難者６万２７００人で、総数は16万９２１人となっています（２０１２年３月28日現在。復興庁調べ）。これらの数字に自主避難者は含まれていません。これを含めれば、避難者総数は17万人を超えるはずです。

地震・津波による直接的犠牲とは別に、避難生活による疲労、持病悪化、自殺などを自治体と医師で審査決定する「震災関連死」（災害弔慰金支給対象）があります。この「震災関連死」が７６４人認定されています（２０１2年4月27日現在、復興庁調べ）。その８割は避難区域の11市町村で、６５０人にのぼっています。このうち、いちばん多いのが南相馬市の２５０人です。

原発から30㎞圏内には特別養護老人ホームが12施設あり、８２６人が入所していました。ところが、事故後３ヵ月間の避難過程で77人が亡くなっています。これは前年同期の3倍と報告されています。

そして、３・11以降、30㎞圏内にある双葉郡8町村（浪江町、双葉町、大熊町、富岡町、楢葉町、広野町、川内村、葛尾村）で亡くなった方は、前年に比べて１・４倍に増加しました。

自殺者は４割増加

原発事故後、相馬市の酪農家の一人が自死しました。彼は、6月10日「原発さえなければと思います。残った酪農家は原発に負けないで頑張ってください。仕事をする気力がなくなりました。（妻と子ども二人の名前に続けて）ごめんなさい」と、作業場の壁に白いチョークで遺書を書いていました。作業場の隣にある牛舎の黒板には、なんと「原発で　手足ちぎられ　酪農家」という辞世の句まで書いていたそうです。

原発事故後、自殺したのは彼ばかりではありません。福島県では、２０１１年4～5月、自殺者は前年に比べて４割増えました。ちなみに、岩手県、宮城県は前年比マイナスです。

30㎞圏内には畜産農家３７６戸があり、牛４０００頭、豚3万頭、鶏63万羽、馬１００頭が飼育されていましたが、そのほとんどが「餓死」させられました。

3月11日から、地元消防団を中心に津波で犠牲になった方の探索をしていました。12日は早

畜舎のなかに放置され、餓死した乳牛。酪農家は、わが子同様に愛情を注いで育ててきたのだが（福島県南相馬市。2011年４月）

餓死した乳牛を畜舎に入れたまま、消石灰で消毒処置をする（福島県南相馬市。2011年７月）

朝から探索再開を予定していました。ところが、11日21時以降に出された避難指示で、探索は再開できませんでした。「救えるいのち」が、原発事故のせいで、救えなかったのです。

そして、3月11日から半年、「要介護申請」が激増しました。長引く避難で、症状が悪化する人が増えたのです、前年比で見ると、浪江町４・４倍、双葉町3倍、大熊町３・８倍、富岡町３・８倍、楢葉町３・７倍と、避難区域の増加が目立っています。

自治体の労働者も「もう限界だ」と、疲弊する人が増えました。若年退職が増え、「精神疾患」で長期病気休暇をとる人が増えたのです。２０１２年1月31日現在、福島県内自治体労働者の早期退職者９６３名中、30％に当たる２９４名が若年者の退職となっています。

南相馬市では、退職者１３８名中、早期退職者は73％の１０１名にのぼっています。そして、いわき市では、３６２５名の職員中、「精神疾患」で長期病気休暇取得者が67名と報告されています。

原発事故の収束作業に７ヵ月間で１万７７７８０人が従事

福島県内の3分の2が「放射線管理区域」（毎時０・６～２・２マイクロシーベルト）と同等か、それ以上の線量となり、ベントや水素爆発、火災によって、チェルノブイリ原発事故の約15％（７７万テラベクレル／原子力安全・保安院発表）の放射性物質が、大気中や海へ放出されました。それら放射性物質は風に乗って、福島県を中心に東北地方から関東・中部地方の広範な地域を汚染しました。

そして、危険極まりない原発事故の収束作業には２０１１年３月から10月まで、１万７７８０人が従事しました。そのうち、「年間１００ミリシーベルト以上」被曝した労働者は１６９人にのぼっています。これは許容１年分の２・５倍に当たる被曝です。

一度ばらまかれた放射能が、何百年、何万年もの間、地球に残り、いのちを脅かす代物であることを知っていながら、原発をつくり続けた政府と東電の責任は重大です。

今回の原発事故は、政府と東電によって引き起こされた「無差別大量確率的殺人事件」および「無差別大量傷害事件」だと思っています。

犯人がわかっていながら、なぜ、逮捕されないのか。私の頭では理解できません。東京電力の経営者たちは、いまだ明確な責任を問われないままです。同じく、責任があるはずの原子力安全・保安院（２０１２年９月に廃止）の人たちも、責任を問われないままです。

東電の全財産を没収して補償を

「原発すべて廃炉」を約束したうえで謝罪を

東京電力の「お金儲け」のために、福島県民が犠牲になり、被害者同士が分断させられ、将来の見通しのない生活に心身ともに疲れ果てているこの現実を、東電は何をもって償おうとしているのか、まったく見えてきません。

東電の社員の誰かが、支援のために福島県に来てボランティアをしたという話を聞いたことがありません。ましてや、高額の報酬を何食わぬ顔で受け取ったままでいる会長、社長など役員は、とても良心のある人間とは思えません。

東電には、どんな責任の取り方をしてもらえばいいのでしょうか。まず何より、今回の事故は「お金だけで償えるものではない」ことを肝に銘じてほしいと思います。福島県民２００万人の人生をすべて狂わせてしまったのですから。

これほどの被害をもたらしたことに対して、人間として、倫理観のある人間として、行うべきことはただ一つ。人間の手には負えない「原発をすべて廃炉にする」ことを約束したうえで、謝罪することです。

悪いことをしたら「二度としない」と約束して謝るのは、子どもにだってわかることです。謝ったうえで、東電の全財産をなげうってでも福島県民の意向に添うことです。

損害賠償のサポートに１４０億円

あるとき、原子力損害賠償支援機構（２０１１年9月12日登記申請）から、無料相談会の案内が届きました。

同機構の説明として、「原子力事故による損害賠償が迅速かつ適切に実施されることを目的として設立された政府等が出資している法人で、被害者の皆様方の損害賠償におけるサポートを致します」と、ありました。

東電の賠償手続きはかなり複雑な書類の提出を求められています、しかし、その作成のために、この支援機構は１４０億円もかけて設立されたのです。うち半分の70億円が税金で賄われています。

さらに、賠償金のお金は、税金5兆円がすでに東電の「収入」として入っているとも、あわよくば、それを東電の利益にしようともくろんでいるとも、聞きました。どこまで、東電は「腹黒い」のでしょうか。同じ日本人として、一市民として情けない思いです。

これまでの公害問題同様、当然のごとくに、「因果関係は証明されない」として、病気になっても、死亡しても、賠償金は支払わないつもりでいるのでしょう。

東電・原発支持団体・製造元の補償責任

東電は税金を使わなければ、原発の技術開発から建設、廃棄物の処理にいたるまで、できません。さらには、事故を起こしたときの後始末まで。すべてにおいて、税金に「おんぶにだっこ」という、まったく自立できていない企業だったことが、明らかになりました。

たとえ、原発推進は国策で行われたとしても、東電には一企業である限り、企業としての責任をとる必要があると思います。

被害補償については、過去の社員も含めて、東電社員の財産はすべて没収し、補償に充てるぐらいの覚悟が求められているのだと思います。東電だけではなく、原発を支持していた株主・銀行・経団連、そして原発を製造した東芝・ＧＥにも補償責任があると思います。

自分たちは一銭も出さないで、納税者の負担を求めるなんて、言語道断です。直接、被害を出したところが何も負担しないというのは、納得できません。

また、放射能の拡散を防ぐには、がれきはすべて東電の敷地内に集めて処理させるのが原則です。除染後の汚染物も東電に着払いで送りつけたいところです。ゴミはつくったところで処理するのが原則です。それができないのなら、そんなものはつくるべきではないのです。

福島県はもうもとには戻れないと思います。それは土壌や大気の放射能汚染がひどいからだけではありません。壊れてしまった家族、地域のコミュニティ、子どもたちの友人関係、こうした人間関係と、一人ひとりの心の傷をもとには戻せないからです。

「お金で幸せは買えない」と思っている福島県民の怒りはここにあります。日本じゅうの電力会社と政府は肝に銘じてほしいのです。

第４章

「子ども福島ネット」の活動を開始

除染した土が放置されたままの団地児童遊園（福島市渡利地域）

「子どもを守る」という一点でつながる

チェルノブイリ原発事故後の20年間のつけ

「チェルノブイリ原発事故の後に福島原発を止めておいたら、今回の事故は起こらなかったのに……」

２０１１年3月11日、反原発の運動に関わってきた誰しもが後悔することとなりました。

１９８６年4月26日に起こったチェルノブイリ原発事故から、すでに27年がたちました。あのとき、１週間後には日本へも放射能が届いたことを知った私は、たとえ微量であっても子どもを被曝させてしまったと思いました。私には、もうすぐ4歳になる長男と3ヵ月になるお腹の赤ちゃんがいたからです。

スリーマイル島原発事故の後にも多少勉強したとはいえ、10代の私にはまだどこか他人事でした。しかし、さすがに、チェルノブイリの後は、本気で「本当のことが知りたい」と、原発や放射能についての講演会に出かけ、本も読みました。知れば知るほど、その危険がどれほどすごいことかを実感しました。

そのとき、福島県にはすでに10基の原発があり、いつ事故が起こっても不思議ではないほど、日ごろからトラブルが続いていたのです。87年1月から88年2月までに、15回も原子炉停止が起こっていました。そして、チェルノブイリから3年後の89年1月6日、福島第二原発3号炉で配管破断事故を起こしてしまったのです。「放射能漏れはなかった」として、発表されたのは2月3日のことです。この事故をきっかけに、さらに福島では講演会や抗議行動が開催されました。その後、福島原発20周年となった91年には、さまざまな取り組みも行われました。しかし、その後、運動は下火になっていきました。

２０１１年3月31日に私と大井友継さんとともに原発震災復興・福島会議を立ち上げた中手聖一さんは、20年前、精力的に反原発運動をしていた人でした。その彼が3月11日に原発事故が起きたとき、言いました。「20年間、運動をさぼっていたつけが回ってきた」

その言葉に、私は彼の今後の決意を感じたのでした。

「子ども福島ネット」の設立

県の調査で、県内75・9％の小・中学校が「放射線管理区域」（毎時０・６～２・２マイクロシーベルト）になっていることを知った私たち原発震災復興・福島会議の３人は、４月18日、県内市町村長あてに、「ただちに授業を停止して休校とし、子どもたちを避難させてから除染を行い、安全が確認されてから学校を再開してほしい」という「進言書」を提出しました。そのことを、ガイガーカウンターを貸してくれたフクロウの会のブログにアップしました。すると、それに呼応して、福島の人たちから、それまで誰にも話せなかった不安が次々とブログに書き込まれました。福島の人々の叫びともいえる言葉に、中手さんは涙が止まらなかった、と言います。

私たちは、その声に押されるように、子どもたちを放射能から守る福島ネットワーク（略

子ども福島ネット設立のきっかけとなった原発震災復興・福島会議、フクロウの会、FoE japan との初めての話し合い（左中・著者。2011 年 4 月 11 日）

子ども福島ネットの設立集会。参加者 250 名

称、子ども福島ネット）を発足させるべく、4月25日、福島県青少年会館で「準備会」を行うことを呼びかけました。すると、当日、１５０名の参加がありました。「物言わぬ」と思われていた福島県民が、不安、怒り、苦しみの言葉を、堰が切れたようにしゃべりだしたのです。

そして、5月1日、ホリスティクかまたにおいて２５０名の参加のもと、「子ども福島ネット」は立ち上がりました。「子どもを守る」という一点だけでつながり、考え方の違いを認め合い、「できる限りのあらゆることをしよう」という趣旨を、参加者全員で確認しました。会の代表には中手さんがなりました。その後、中手さんは２０１２年6月に北海道に移住することを決めたので、２０１２年2月の総会で、代表は私が引き受け、副代表には辺見妙子さんがなりました。一人ひとりがあと1歩ずつ踏み出せば、きっと、「子どもたちの未来」を守ってあげることができるはずとの思いから集まった人たちでした。

みんなで設立趣意書を確認

「子どもたちを放射能から守る福島ネットワーク」の設立趣意書は以下のとおりです。

私たちの願いはただ一つです。
「福島の子どもたちを放射能から守りたい」、この想いを絆に私たちはつながり合います。

私たちは、子どもを守るためのさまざまな活動を、父母として、家族として、そして一人の市民として行っていきます。私たちは、一人ひとりの立場や意見の違いを認め合います。そして、すべてのメンバーの自由な活動を可能な限り認め合います。

このような活動を、私たちの共通の想いとして行うことができるようにするために、私たちはここに、子どもたちを放射能から守る福島ネットワークを設立します。私たち「子ども福島ネット」は、福島の市民活動として必要な最小限の組織を、次のとおり形成します。

一、「子ども福島ネット」は、活動する福島県民を構成メンバーとし、県内の賛同メンバーとともに形成する。そして、県外の仲間たちと力を合わせ活動する。

二、「子ども福島ネット」の活動に最終的な責任をもつ代表をおく。

三、活動の各セクション・グループには最低一人の世話人をおく。

当初は4班に分かれて活動

「測定・除染」「避難・保養・疎開」などの四つの班

「明日にでもできることを自分で提案して、自分の責任で自主的に行動しよう」

２０１１年5月1日、子ども福島ネットを立ち上げた２５０名は、そう決意して、いろいろ意見を出しあいました。

「福島の状況がどうなっているのかわからないから、ガイガーカウンターで測定したい」「ホットスポットがあったら、自分で子どもたちのために除染をしよう」「被曝してしまったことを認めて、それ以上被曝しないためにはどうしたらよいのかを、知識として共有しよう」「まだ情報が届いていない人たちに、情報を届けよう」「被曝してしまったものを、どうやって手当てしたらいいのか知りたい」「とにかく、ここにいてはいけないのだから、避難を進めよう」「どうしても移れない人のために、保養をしよう」

以上のような意見が多かったことから、「測定・除染」「避難・保養・疎開」「知識・普及」「防護」の四つの「班」に分かれて動くことが決まりました。

そして、それぞれの班の「世話人」も、次のように決まりました。

「測定・除染班」が大井友継さん、尾崎淳さん、斎藤夕香さん。

「避難・保養・疎開班」が煙山亨《けむりやまとおる》さん、吉野裕之さん、小河原律香《おがわらりか》さん、森永敦子さん、早尾貴紀さん。

「知識・普及（後、情報共有）班」が辺見妙子さん。

「防護班」が大森あやさん、椎名千恵子さん、橋本敬子さん。

いずれも、自分から名乗りを上げてくれました。

事務局は、娘の麻耶が、担当することになりました。

しかし、私たちはお互いに、その人が過去にどんなことをしてきたのか、まったく知りませんでした。それどころか、フルネームも職業も、どこに住んでいるのか、独身なのか結婚しているのか、子どもがいるのか、などについても知りませんでした。

その人のフルネームや職業などがわかってきたのは、少し気持ちに余裕の出てきた結成から約半年後のことでした。

それまでは、毎月のように「20ミリシーベルト基準が高すぎること」「内部被曝を防ぐ方法」など、放射能に関する講演会やイベントを開催し、メンバーのことについて詳しく知る暇がないほど、フルに活動していたのです。

すればするほど「除染は無理」

集まった人たちがいちばんやりたかったことは「測定・除染」でした。5月1日に、ガイガーカウンターを持ってきてくださった測定器47プロジェクトというグループから借りて定点観測を始めました。測定器47プロジェクトの岩田渉《わたる》さんが福島に残り、メンバーといっしょにあちこち測定して回りました。しかし、最初は測定すら地域の人はやりたがりませんでした。

保育園などの場合、「もし、高い数値が出たら、保育園に子どもが集まらなくなる」というのが理由でした。大井友継さんは「除染して線量が下がることを1ヵ所証明したら、きっと他の保育園も認めてくれるはず」「除染も手伝いますから、測定しましょう」と、保育園を説得して回りましたが、なかなか応じてくれませんでした。

私たちのもともとの知り合いの保育園「こどものいえ　そらまめ」の園長先生が「除染をやりましょう」と言ってくれたので、測定しました。福島市渡利地区というところだったのです

保育園そらまめの除染作業。環境保護団体グリーンピースの指導を受けて保護者、職員、近所の方々がボランティアで参加（2011年5月14日）

使用できなくなったそらまめの遊戯室「まめっちょ」

が、測るとホットスポットになっていました。除染も行いましたが、ある程度までしか値が下がらないのです。結果的に、そこの園長先生は福島県西部への移転を決めました。

除染をすればするほど、「除染は無理だ」ということがわかりました。表面の土をはいでも、その汚染土を敷地内から移動することができず、敷地内にそのままの状態で置かれることが多いからです。「除染」ではなく「移染」になってしまうのです。

私たちが「除染は無理だ」ということがわかった2011年7月末、国がようやく除染に予算をつけたことで、県は、学校、保育園、幼稚園などの除染を始めました。

「除染をして数値を下げるから、避難している人たち戻っておいで」ということで一生懸命やっていますが、それは、かなり厳しい状況にあると、私は思っています。

しかし、「除染」に関しては、「私たちが率先して行わなくても、国に対して除染の道筋はつけた」と判断したので、「測定・除染班」から、「除染」の部分ははずしました（追記　2013年1月以降の報道で「福島第一原発周辺で、元請けゼネコンなどによる手抜き除染が横行している」ことを知らされ、怒り心頭に発してますが）。

アンケートで浮かび上がる「除染」の実態

福島県内で行われている「除染」について、子ども福島ネットでは、ウェブサイト内でアンケートをとりました。質問は①「除染についてどのように考えるか」と、②「町内の除染に参加して感じたことは何か」です。

「除染」の実態がとてもよくわかるので、紹介します。

①には、次のような意見が寄せられました。

「子どもたちを県内に置いたままの除染はあまりにひどい」「やるなら、まず子どもたちと妊婦を避難させてからやるべき。警戒区域や計画的避難区域は除染すべきではない。きっちりと決めてほしい」「素人が無知のままに行っており、成果もないまま無意味だ。除染ではなく移染であり、離れるべき場所へなぜ近づく必要があるのだろうか、疑問だ」「低減化するなら行ったほうがよいと思う。ただ、除染作業に住人が参加する（強制的にさせる）ことはおかしい」「費用対効果を検証し、移住などを検討すべきだ」

②には、次のような意見が寄せられました。

「紙マスクで被曝が防げるのか、あまりに住民をばかにしている。今までの一斉清掃と変わらない程度で、除染とは言えない」「地域のお掃除のような和気藹々《あいあい》とした感じで、危機感は感じられなかった。ほとんどの人が無防備で、そのまま着替えずに台所に立つような状態だった。育成会で行ったため、ママの参加が多かった。参加しないことによる目もあり、子どもが同じ小学校に通う以上、参加は必須だ」「11月中旬に二日間かけて、小学校の通学路をメインに作業を行ったが、除染作業の専門家は不在。作業の装備が軽く、例年の草刈り作業と同様な装備の人が多かった。効果ははなはだ疑問（側溝の線量がかえって高くなったよう）」

市民放射能測定所の立ち上げ

「測定」は、別団体を立ち上げて、本格的に続けることにしました。これからは空間線量の測定だけではなく、「内部被曝をいかに防ぐか」という視点が大事になり、第三者機関として、正確に測定する必要があるからです。

測定所はＤＡＹＳ ＪＡＰＡＮの広河隆一さんが、全面的に協力をしてくれたおかげで立ち上げることができました。岩田渉さん、丸森あやさん、長谷川浩さんが中心となって準備を進め、２０１１年7月17日、食品の測定をする市民放射能測定所を立ち上げました。

それに先立つ、5月29日、チェンバおおまちで「さよなら放射能まつり」を子ども福島ネット主催で開催したときに、測定会を行いました。午後１時に受付の予定でしたが、開場前から人々が押し寄せ、12時で予定人数20人の整理券は配り終えました。

人々は、会津若松や相馬など、さまざまな地域から、野菜や井戸水の入ったペットボトルを両手にぶら下げて詰めかけました。

空間線量の高いところで、呼吸をし、食事をしている福島県民が、いかに内部被曝を気にしながら生活をしているかを物語る測定会でした。

もちろん、福島県でも各市でも放射能測定は行っています。しかし、検出限度がセシウム１３４と１３７の合計で25ベクレル／kgというレベルで測るので、「検出しませんでした＝ＮＤ」

というデータが出るのです。

しかし、それでは市民は納得しません。5ベクレルとか3ベクレルまで測れる機械で測ったものでないと信用しないのです。それで、「向こう（県や市）で測ったけど、測り直してください」と、こちらに持ち込む方もいます。

11月からは、測定所ではホールボディカウンターも導入し、毎日のようにホールボディカウンターで子どもたちを測りました。すると、ほとんどの人に内部被曝の数値が出ました。しかも、平均値で1kg当たり20ベクレルという数字です。それは、「長期の保養に出さなければいい

第三者機関として食品の測定をする市民放射能測定所を設置

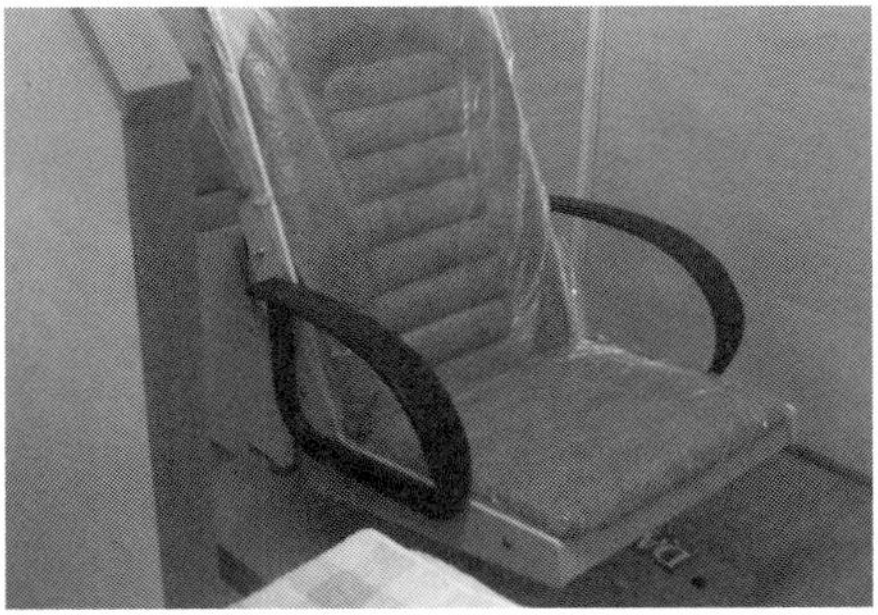
測定所では、ホールボディカウンターを導入して、子どもたちを測定

2台の食品測定器がフル稼働している

けない」数値です。あくまで平均値なので、これ以上に高い数値が出ている人も多いはずです。

市民放射能測定所には、２０１２年8月現在、ゲルマニウム半導体検出器1台、ＮａＩシンチレータ２台の食品測定器とホールボディカウンター1台があり、フル稼働しています。スタッフ20人が交代で測定に当たっています。

また、県内外の市民放射能測定所との連携もとりながら活動を進めています。測定のみならず、子どもたちを放射能から守る小児科医ネットワーク（代表・山田真《まこと》先生）の協力を得て、子ども健康相談会の開催も行っています。

ストレスや被曝を低減するための「避難・保養・疎開」

「除染」「保養」を経て「避難」を決める人々

5月1日に「避難・保養・疎開班」ができましたが、実はそのころ、我が身のこととして切実に考えている市民は少なかったのです。ところが、「測定」を始めたメンバーは、あまりの高い数値を目のあたりにしたため、次々と「避難」を決意していきました。

「除染すれば線量は下がる」と思っていた人たちも、７月には「除染してすぐに下がるレベルではない」と結論づけ、改めて、「避難・疎開・保養」を真剣に考えるようになりました。

私自身も、５月２日に院内集会から帰った翌日３日、１泊２日の保養に出かけました。４月25日にこの保養プログラムを呼びかけたのですが、福島市・伊達市の５家族と、我が家の２人の子ども、そしてボランティアの方々とともに、山形県川西町の廃校になった学校を宿泊施設として使っているおもいで館に行ったのです。

参加した子どもたちは、口々に、「マスク取っていいんですか」「帽子もかぶらなくていいんですか」と聞いてきました。「もちろん、ここでは大丈夫」と言うと、ニッコリして、外で思いっきり遊んでいました。「ふきのとう、ヨモギを見たら思わずうれしくなって、てんぷらをつくりました」と、参加者の一人、宍戸隆子さんは、率先して食事づくりをしてくれました。私も、玄米ご飯、雑穀料理をつくりました。そして、３・11以前にはあたりまえにできていた暮らしが、できなくなっていたことに改めて気づきました。

夕食後、子どもたちのお母さん、お父さんたちは、それまでの１ヵ月半の苦しかった思いを語り始め、語らいは真夜中まで続いたのです。「子どもの保養を」と思って企画したのですが、それはお母さん、お父さんたちの保養にもなっていたのです。

この日、参加した家族は、その後、全員、山形県、北海道へと避難を決めました。福島での生活が「いかに非日常であるか」を感じたからでした。

国の「ウソ」を見抜いて避難

4月25日の子ども福島ネットの準備会には参加したものの、「避難なんてできるわけがない」「避難なんて神経質すぎるのではないか」と思っていた4児の母親である斎藤夕香さんは、飯野町から京都に避難しました。

もともと「避難」や「疎開」はまったく考えていなかった人でしたが、自分の「無知」に気づき、自ら放射性物質のことを調べ、ネットの情報とテレビ、新聞、「市政だより」などの情報を比較したのです。

その結果、わかったことは、「明らかに、国が、私たちを落ち着かせようと必死なんだ」「国が法律に反したやり方を平気でしている」ということでした。そのとき、彼女は、「体の震えがとまらなかった」と言います。

しかし、なお、仕事、子どもの学校、両親、友達などのことをあれこれ考え、「避難することは簡単じゃない」と、躊躇していました。そんな彼女に避難を決断させたのは、中国に単身赴任中の夫が言った次の一言でした。

「お前は何のために仕事をしてるんだ。なんとか俺の給料だけで切り詰めてやってみろよ。何かあったら、そのとき考えればいい。なんとでもなるから」

ついに、彼女は、「お金は大変でも、まず、動かなければ何も変わらない」「子どもたちのために、今だけでも」と、仕事をやめて避難したのです。

しかし、高校生の娘さんは放射能の話に耳を貸さなくなり、当然、転校をいやがりました。

3人だけを京都に連れていきました。

「プチ疎開」のすすめ

2011年秋。「除染」ムードが高まるなか、「避難・疎開・保養班」では、家族の都合でいまだ「避難」という選択肢をとれない家族のために、一つの提案をしました。顔の見える仲間同士で「プチ疎開」ができないかと、次のようなストーリー展開を考えたのです。

①面識のある5家族があり、そこには7人の子どもたちがいる。5家族のうち、母親二人は世話人として動けそうだ。

②行政の協力や民間サポートで、一軒屋が借りられそう。近くの学校での受け入れキャパもありそうだ。

③子ども一人、一月当たり2万～3万円の負担で、食費・生活費・娯楽費などの経費が賄えそうだ。

④現地では民間サポートの方や、社会福祉協議会などの協力も得られそうだ。

⑤もともと環境問題に敏感な支援者さんたちなので、食の安全もOK。一度、下見に行ってみよう。

⑥避難希望者&受け入れ側で意気投合。支援者さんたちのネットワークも活かせる。
⑦「プチ疎開」が実現した。区域外通学の制度で、みな、同級生として同じ学校へ通学。
⑧世話役の適宜交代&父さん組は乗り合いでの面会ツアーを自主運営。
⑨好評なので、同じ町内で空き物件をさらに探索。２軒目、３軒目を運営開始。さらに同地区から疎開。
⑩いつの間にか、「○○小学校の分校」というレベルで「プチサテライト疎開」の実現。

「サテライト保育」を実施

子ども福島ネットの副代表であり、「知識・情報普及班」の世話人でもある辺見妙子さんの職業は、ＮＰＯ法人青空保育園たけの子の園長さんです。

彼女は、「福島県内にいれば低線量被曝の危険性がある。特に放射能に感受性の強い幼児を屋外で保育することは福島県内ではできない」と、２０１１年10月３日から、保育を行う場所を山形県米沢市に移しました。そして、毎日、福島から米沢へ移動させる、「サテライト保育」を始めました。

さらに、彼女は、自分の園の幼児だけではなく、「安全ではないと思いながらも避難できずにいる福島の子どもたち」や、「福島から米沢に避難したけれど、保育施設に入れていない子どもたち」にも参加を呼びかけて、子どもたちに必要な「安全な外遊び」を保障しようとしています。

２０１２年６月からは月に１回、幼児に限定することなく、たくさんの子どもたちに「自然体験をしてもらいたい」と、新たに「たけの子自然学校」を開催しました。

６月には、じゃがいもの種の植えつけと川遊び、７月からは「参加者が自ら考え、つくっていく学校」として活動しています。

たけの子自然学校で、子どもたちは思い思いにねじりパンを焼く

子どもたちに、じゃがいもの種の植えつけなどの作業体験の場を設ける。久しぶりの「安全な外遊び」

行政による「疎開」の仕組みづくりを

私たち子ども福島ネットは、沖縄から北海道まで、避難・保養・疎開に関する情報を集めました。２０１１年の夏休みには２００以上の保養プログラムが集まり、全国に子どもたちを送り出しました。

支援してくださる団体は約１００、避難に協力してくれる団体は約30に及びました。

しかし、除染を始めた福島県は、他都道府県の各自治体が、福島県や県内の市町村に避難や保養のプログラムをもっていくと、次のような返事をするのです。

「うちは大丈夫です」「間に合っています」「危険ではありませんから、保養に出す必要はありません」

他県の人々から「せっかく用意したのに」「空き家情報をしっかりもっているのに」「福島県はどうなっているのですか」と、言われることが増えました。

しかし、私たち福島県人の本心は、まだまだ子どもたちを避難させたい、安全なところに送りたいのです。しかし、すでに、個人のレベルでは判断できなくなっている人も多くいます。行政や学校が、きちんと判断しなくてはならないくらいに、お母さんたちは追い込まれているのです。

かつての戦時下の「疎開」のように、子どもたちを放射能という爆弾から守るため、チェルノブイリの経験から集団で最低3週間、放射能汚染のないところへ連れて行って、体をきれいにする仕組みをつくる必要があるのです。

3・11前でも、子どもたちの心はすさみ、外で遊ぶ子どもはほとんどいませんでした。家の中でパソコンやゲームをして遊ぶという状況だったのです。

それだからこそ、この原発事故を契機に、「自然のなかでの教育」「土に触れたり、いのちに触れたりする教育」を、もっともっと国や県に取り組んでほしいと思うのです。

福島県の子どもたちだけではなく、都会の子どもたちも含めて、同じ場所に行って交流しながら保養をするというシステムをつくりたいのです。過疎地には、使っていない廃校がたくさんあるのですから、不可能ではないと思います。

つながるための「情報共有班」

情報誌「たんがら」の発行

子ども福島ネットでは、結成以来、講演会、パネル展など独自の活動を通して知識や情報を発信してきました。

しかし、まだまだ、必要な情報が必要な人に届いているとはいえない状況でした。福島県はインターネット環境が悪いので、インターネットで必要な情報を調べられる人は４割以下ではないかと言われています。紙媒体の必要性を強く感じていました。

同時に、私たちは３・11以降、それ以前の日常ではけっして経験することのない多くの悲しみを目のあたりにしてきました。そして、さまざまな困難に立ち向かいながら、福島にいる人々に寄り添ってもきたのです。

そんなメンバーの目を通して見えてくる現状や、聞こえてくる市民の声を記録すること、また、さまざまな情報をみんなで共有すること、より「みんなとつながる」ことを目的に、情報誌「たんがら」を発行することに決めました。

「たんがら」とは、福島の方言で、「野菜などを入れて背負う大きな竹の籠」を意味します。「たんがら」にいろいろな情報を詰めて、福島県内はもとより、全国、海外にも届けたいと思っています。

創刊は２０１１年10月９日。月に１回の発行です。創刊時から編集を担当していたのは、２０１１年８月、子ども福島ネットにボランティアに来ていた本田貴文さんです。本田さんはイギリスに留学している大学生ですが、「福島のために何かしたい」と、海外にいてもできる編集を自らかって出てくれました。

「たんがら」と名付けたのも本田さんです。福島県民は、原発事故で重い荷物を背負わされました。その荷物を「たんがら」に入れて歩んでいく、という意味が込められています。データを福島からイギリスに送り、イギリスで編集して、再び福島に送り返し印刷をするという、インターネット社会ならではの編集作業です。現在は、情報共有班の中野瑞枝さんが編集に当たっています。

本田さんは、福島の現状を世界に発信する必要を感じていました。同じ思いの橋本雅子さんが呼びかけた子どもたちを放射能から守る世界ネットワークの中心メンバーとして、2012年7月から翻訳できる20人ほどの協力を得て、英語での情報発信をしています。

「知っておいてほしい」情報を届ける

「放射能の基礎知識」を共有するために

3・11の原発事故から6ヵ月以上たった2011年9月、まだまだ「放射能による健康被害の基礎知識」が市民のあいだで共有されていませんでした。そんな現実を受けて、「たんがら」では、「放射能の基礎知識」として、次のような特集を組んできました。

「放射能はからだに影響がない」と思う人がいるにしても、一応、勉強したうえで、納得すべきではないかと思うからです。
「確定的影響・確率的影響ってなに?」(2012年1月号)
「ベクレルってなに?」「シーベルトって?」(2012年2月号)
「意外ときちんと知らない放射能の話」(2012年3・4月号)
「みんなが知りたい内部被曝」(2012年7月)

また、原発関連の集会や訴訟の報告、避難・疎開支援者の各地からの報告なども、適宜載せています。そして、みんなに「知っておいてほしい」と強く願う講演会の内容は、福島県内のものに限らず、各地の方の協力を得て、要旨を載せてきました。

例えば、「菅谷昭《すげのやあきら》・松本市長の講演会」(2011年10月号)

菅谷さんは、元外科医。チェルノブイリ原発事故から10年たった1996年から2001年までの5年半、ベラルーシの汚染地区に住み、主に子どもたちの甲状腺がんの治療にあたった人です。講演で彼は、「子どもを守るのは親」「最後は自分で判断すること」と言っています。

菅谷さんには『子どもたちを放射能から守るために』(亜紀書房)などの著書がありますが、この日の講演のポイントは次の3点です。

①福島市、二本松市、郡山市などの土壌汚染は、1986年の爆発事故により汚染されたチェルノブイリ原発周辺の退避地区となっている地域と同程度、またはそれ以上であること。

②それよりも軽度の汚染地域に暮らすベラルーシの子どもたちの健康被害は、事故後25年

たった今も増えていること。これからもどんな健康被害が出てくるのか、わからないこと。

③福島の汚染された地域の住民、特にに子どもと妊婦は国策で避難、疎開させるべきである、と考えていること。

ベラルーシと広島の被爆調査から

「３・11ユーリ・バンダジェフスキー博士講演」（２０１２年３・４月号）

２０１２年３月11日に、沖縄県那覇市民会館で行われた講演会の報告です。

ユーリ博士は、ベラルーシで「チェルノブイリの本当の被害」を研究したことにより、政府当局から不当に弾圧を受け、５年間、拘留された方です。

彼の最も大きな功績は、「ベラルーシで、１３０人ほどの検体から臓器を取り出して、セシウム等の含有量を臨床検査したことだ」と言われています。彼によると、「心臓こそが、セシウムの溜まりやすい臓器である」ということで、「体内に74～１００ベクレルのセシウム内部被曝をしている子どもの90％が心臓疾患を患っている」ということです。

そして、彼は、「５、６年後の福島で、ベラルーシやウクライナのように甲状腺がんや白血病が増加するという予測を立てるのに無理はない」としています。

「肥田舜太郎さんの講演会」（２０１２年７月号）

４月22日に行われた「市民と科学者の内部被曝問題研究会」の第１回総会・記念講演からの

要約です。肥田さんは、広島で軍医をしていて、自らも被爆された方。67年間、被爆者を診療し続けてきた膨大な数の症例から、内部被曝の危険性と、今後、福島で起こるだろう健康被害に警鐘を鳴らしました。最後に、彼は、「自分の努力で生きる以外にない。今日一日、放射線に負けないで生き抜くんだという意志をもって生きてください。この努力が、いちばん大事な要素だ」と、アドバイスしています。

内部被曝、低線量被曝から身を守るための「防護班」

「伝統的日本食」を食べていない日本人

原発事故が収束していないなか、被曝地での生活を強いられている私たちは、いろいろなかたちで、内部被曝、低線量被曝から身を守っていく必要があります。

「被曝してしまったことは認めたとして、それ以上被曝しないためにはどうしたらよいのか」「被曝してしまったものを、どうやって手当てしたらよいのか」「内部被曝を防ぐにはどうすればいいのか」。それらの要望に答えるため、知見を深め、知恵や情報を寄せ合うミーティングやイベントなどを行うためにつくられたのが「防護班」です。

原発事故直後、放射線被曝を防ぐために、「海藻、発酵食品、味噌、納豆、玄米、梅干を食べなさい。ドクダミ、スギナを煎じて飲みなさい」という情報が、いろいろなところから流れてきました。私も、若いお母さんたちにそう伝えました。

これは、長崎で原爆が投下された直後に、秋月辰一郎医師が看護師さんに命じて食べさせた「しょっぱい味噌汁、塩をたっぷりつけてにぎった玄米おむすび」が、そこで働いていた医師・看護師らのいのちを救ったという実話から出た情報でした。

しかし、よく考えたら、これらは典型的な日本食。とりたてて、今さら強調する必要があったのでしょうか。

チェルノブイリから来た医師が言いました。「心配しないでください。日本食を食べていれば大丈夫です。日本の子どもたちは甲状腺がんなどにはなりません」

しかし、それを最前列で聞いていた女性が言いました。「今、日本の子どもたちはワカメの味噌汁など、日本食を食べていないから心配しているのです」と。

たしかに、「玄米ごはんに海藻入り味噌汁」という典型的な日本食をしている子どもたちが、今の日本にどれくらいいるのでしょうか。

すでに化学物質などで汚染されている現代人

今回の原発事故に対処するうえで、私たちは過去の経験から多くを学んでいます。しかし、福島には、広島、長崎、チェルノブイリとは違う状況があります。そのことを考慮しなければならないと思います。大きな違いは、福島県民のこれまでの健康状態です。

今回の事故で放射能を浴びる前から、現代人はさまざまな食品添加物などの化学物質で汚染され、体が悲鳴をあげていたのです。その悲鳴の一つにアトピー性皮膚炎があります。「アトピー」とは「奇妙な」という意味で、当初、原因がわからないためにつけられた病名でした。アトピー性皮膚炎は、さまざまな化学物質が体内に入り込んだ結果、体がそれを排泄するために皮膚から「膿」を出すために起こった症状です。

26年前（1986年）に起きたチェルノブイリ原発事故の後、生まれてくる子どもの25％がアトピー性皮膚炎だということでした。しかし、次女（1997年生まれ）が生まれたとき、アトピー性皮膚炎の子どもは約75％だと言われました。2011年はそれからさらに14年たっているわけです。ですから、ほとんどの子どもがアトピー性皮膚炎だと言っても間違いではありません。

予想のつかない複合的症状

現在は、アトピー性皮膚炎だけではなく、さらに深刻な病気も子どもたちに出てきています。化学物質過敏症といって、微量の化学物質に触れただけで臓器に変調をきたす病気です。農薬・殺虫剤・消臭剤・合成洗剤・柔軟剤などに含まれる化学物質に晒されると、頭痛になったり、呼吸困難になったりするのです。

また、化学物質過敏症になると、電磁波過敏症にもなりやすいといわれています。これは、携帯電話などの電磁波に晒されることで、化学物質過敏症同様、体調の悪化を引き起こす病気です。

このように多くの化学物質を体内に大量に取り込んでいる日本人は、肝臓、腎臓もかなり弱っています。ですから、体の免疫力はかなり低下しています。そこに放射能の被害が加わるのです。今後、どのような複合的症状が出るか、まったく予想がつきません。

もう、これ以上、子どもたちの免疫力を低下させないためには、農薬や化学物質などの「汚染物」は、いっさい、体内に入れてはならないのです。

汚染されていない野菜、お米、水が必要

「放射能と健康被害との因果関係が証明されないから被害はなかった」

そう言う「専門家」と称する人々の報告を鵜呑みにしていたら、とんでもないことになると思います。これだけ化学物質を体内に取り込んだ人間が被曝をした例は、過去にはないのです。今まで証明されたことがないのはあたりまえです。

しかし、前例がないと動かないのが、行政のやり方です。これまでの公害訴訟を振り返ってみても、原因がわかっていてさえ、補償しないのが国です。ですから、証明されない放射能の

影響による症状などには、国は補償を出さないでしょう。それでも、この福島で生きていくのなら、自分のことは自分で守るしかないのです。

少しでも放射能の被害を少なくするためには、「避難すること」がいちばんです。しかし、さまざまな理由で避難できない人にとっては、「防護」がとても重要です。特に、子ども、妊婦、若い人には、内部被曝を少しでも少なくするために、汚染されていない野菜、お米、水が必要です。

まず、食べものは無農薬有機栽培のもの、加工品は添加物の入っていないものでなければなりません。もちろん、その他の化学物質も、できる限り排除した食生活をしなければなりません。

「防護」の拠点・野菜カフェはもる

「ゼロベクレルの野菜」を一つでも多く

最近、「1000ベクレルの食べものを食べても、その後、食べなければ数値は下がる」というデータが出ています。ところが、「毎日、10ベクレルの食べものを食べ続けると、放射性物質は排出されず、蓄積し続け、2年後には内臓に影響が出るレベルまで溜まる」というデータも出ています。わずか「10ベクレル」です。

ですから、内部被曝による健康悪化を防ぐためにも、食べものは「ゼロベクレルのもの」でなければならないのです。

福島県の子どもたちは原発事故によって、すでに外部被曝をしています。２０１１年5月の時点で、原発から60㎞離れた福島市の子どもたちでさえ、抜き打ちで選出された10人全員からセシウムが検出されました。さらに、世界の基準を大幅に上回る暫定基準による食物の出荷・流通によって、食物からの内部被曝に晒されているのが現状です。

そんな現状だからこそ、私たちは「ゼロベクレルの野菜」を一つでも多く福島の子どもたちに届けたいと、安全な野菜を売る八百屋を福島市内に開店することを決めました。

西日本の「安全な野菜」を売る八百屋

八百屋の名前は野菜カフェはもる。

農薬や化学肥料を使わないで育てられた、西日本中心の野菜を置く八百屋です。

東日本のものがすべて汚染されているわけではありません。市民放射能測定所を立ち上げてから、自分たちで放射能測定を行っていますから、東日本にも汚染されていない食べものがたくさんあることはわかっています。しかし、すべてを測れる状況ではありません。そのため、

「測ることができなくても安心できる」というところから、西日本に限定したのです。

百姓である私は、「地元のもの」を食べさせたいし、「地元のものを食べるのが体にとっていちばんいい」ことも知っています。土地と食べもの、体は二つに切り離せないという意味の「身土不二《しんどふじ》」（「しんどふに」とも読む）という言葉もよく知っています。しかし、今は、悲しいことですが、地元のものを食べさせられない状況なのです。

野菜カフェはもるに常時置かれている野菜は、約20種類。鹿児島、熊本、愛媛、広島、岡山、兵庫、京都などから運ばれた無農薬野菜です。また、野菜のほかに、調味料や納豆・豆腐・梅干しなどの加工品もとりそろえています。

２０１１年11月11日11時開店

野菜カフェはもるの開店は２０１１年11月11日11時です。ぞろ目が好きな私の提案からでした。実は、11月11日は、チェルノブイリ原発事故のとき私のお腹のなかにいた娘・麻耶の誕生日なのです。

もし、３・11の事故がなければ、娘と私は福島市内にお店をオープンさせる予定でした。その計画は事故ですべて吹っ飛んだのですが、その代わりに、別のかたちでお店を開店させることができました。11月11日を開店日にしたのは、私たちから娘への誕生日プレゼントでもあったのです。

娘は、17歳のときから「毎日食べても、病気にならない食事を出すレストランをやりたい」と宣言していました。犬の好きな彼女の構想によると、そこはドッグランもあり、ペットもいっしょに来られる場所。無農薬・無化学肥料の野菜でつくられた食事や飲みものを出すレストランでした。土地も探し、２０１１年の春あたりから準備を始めるところでした。

野菜カフェはもるは、陶山《とうやま》三枝子さん、椎名千恵子さん、私の３人で始めました。店長は陶山三枝子さんです。彼女は「福島でできることをやりたい」と、子ども福島ネットに参加していました。高校生をもつ母親でもあります。

コミュニケーションの場ともなった野菜カフェはもるの入口

農薬、化学肥料を使わずに育てた旬の野菜、加工食品などの陳列棚

来店者は思い思いの野菜を求める

開店時間は火曜日〜土曜日の11時〜17時30分です。場所は、福島駅から徒歩15分の福島市新町3丁目にあります。

情報センター・サロンも併設

「待っていました、こういうお店。今、子どもたちだけには福島産は食べさせられません」「正しい情報（放射能の知識や避難先の情報など）が欲しかったのでうれしいです」「危機感はありますが、周囲（家族・友人など）との温度差が大きく、胸のうちを誰かに聞いてもらいたいと思っていたので、こんなコミュニティの場ができてうれしいです」

野菜カフェはもるを開店してみると、初日から、このようなうれしい感想をいただきました。店内には、情報センター・サロンも併設していますので、ここに来れば、野菜のほか、放射能に関する情報や避難・保養に関する情報が手に入ります。

さらに、始めてみると、感想にもあるように、お母さん方のコミュニケーションの場としても機能していたのです。

私の生家は前に述べたとおり、食品や雑貨を扱うよろず屋を営んでいました。買い物に来る人は、皆さん、我が家の茶の間に上がって、お茶を飲みながら家では言えない家族のグチなどをこぼしたりしていました。「そんなお店にしたい」と陶山さんに話したところ、彼女はそれを理解してくれました。そして、野菜カフェはもるに来たお客さんといろいろな話をしてくれています。

買いものに来れば、「30分くらいは立ち話をして帰っていく」というお店になっています。今の福島に最も必要とされているお店と、スタッフ一同、自負しています。

料理教室や予防医学講座も開催

子どもたちを放射能から守るには、まず、食生活の改善が大事です。そこで、野菜カフェはもるでは、月に1~2回、講師を呼んで、子どもたちのデトックス（毒出し）に役立つ料理教室を開催しています。

これまで行ったものには、次のようなもの（一部）があります。

●「免疫力アップのお料理作り—ニンジンジャム&玄米パン&雑穀スープ」講師・佐藤浩子（2012年3月4日）

●「手軽にできるマクロ料理教室—大根もち&トロトロスープ&豆腐ドーナツ」講師・高野律子（2012年3月12日）

●「マクロ・薬膳料理教室」講師・オオニシ恭子（2012年5月20日）

●「味噌作り」講師・吉田勝美（2012年6月18日）

料理教室のほかにもさまざまなイベントを行っています。

たとえば、2012年3月3日には、原発事故以来、一保護者として校長に掛け合い、すぐ福島県外産の食材をそろえてもらった経験のある茂木裕美さんを講師に呼んで、「給食問題に取り組んでみて」の講演会・テーブルトークを行いました。

２０１２年３月23日には、「病気になってから治療するのではなく、病気にならないように予防する」という観点から、講師に鍼灸師の橋本俊彦さんを呼んで、「自分で手当てする方法」を学びました。題して、「自然医学の立場から免疫力を高める　治癒力を増進していく『手当ての茶の間』」。この日は、橋本さんによる「個別健康相談会」も行いました。

このように、野菜カフェはもるでは、放射能から子どもたちを守るために、さまざまな「防護」策を実践しています。

「行政対応班」誕生

３・11の原発事故から１年が過ぎても、福島県の低線量被曝下で暮らす私たちには心配事が尽きません。政府は、「収束宣言」「冷温停止」「除染」を声高らかに表明しましたが、原発は今でも危険な状態にあることに変わりはありません。

そのような状況のなか、２０１２年２月４日に開かれた第１回子ども福島ネット総会で、新たなセクションとして「行政対応班」を設けることを決めました。

これまでも、文科省や厚労省、県や市町村に対して要望書などを提出してきましたが、さらに、横のつながりを強めながら、アクションを起こしていくことを確認しました。「行政対応班」には、十数名が参加し、世話人は蛇石郁子さんが担当することになりました。

働きかける内容は、内部被曝の防止、長期的な健康管理、給食、避難者への支援などです。

２月４日の第１回総会では、いわき市議会において全会一致で採択された「（仮称）原発事故被曝援護法の制定を求める意見書」を、各市町村議会に向けて提出することが決まりました。数多くの自治体から意見書が提出されることで、法律制定も加速されていくからです。

請願事項は次のとおりです。

「福島原発事故による住民の健康管理については、国の責任において、特例法として（仮称）原発事故被曝援護法を制定し、被曝者健康手帳の交付および定期通院・医療行為の無償化・社会保障などを法的に保障するよう、国に対し意見書を提出すること」

２０１２年６月27日には、福島市教育委員会あてに「小中学校におけるプール授業に関する要望書」を提出しました。内容は、「福島市が再開の基準としている空間線量１μＳｖ／ｈ以下は、労働基準法では18歳未満が労働を制限されている０・６μＳｖ／ｈより高い基準であることから、見直しをすること」など、５項目でした。

２０１２年６月22日、「原発事故・子ども被災者支援法」が成立しました。この法律が福島の実情に合う支援になるように提言していくことも重要です。「原発事故・子ども被災者支援法市民会議」の呼びかけ団体となり、代表に中手聖一さんが就任しました。毎月第３金曜日に、東京で院内集会も開催しています。

「放射能からいのちを守る全国サミット」の開催

初めての全国規模のイベント

２０１２年２月11日、12日の両日、「放射能からいのちを守る全国サミット—つなぎたい〜避難・疎開・保養〜つながりたい」が、「避難・保養・疎開班」の吉野裕之さんを中心とした同サミット実行委員会の主催によって行われました。実行委員長は、娘といっしょに北海道に避難した小河原律香さんが務めました。会場は、１日目が「コラッセ福島」、２日目が「ウィズ・もとまち」「チェンバおおまち」でした。

「耳をすます」をキーワードに、お互いの声を聴き、寄り添いあうことで福島の現状を考えていこうという、初めての全国規模のイベントでした。

１日目は、３３０人収容のホールに入りきれないほどの来場者で、別室に映像を飛ばして見ていただきました。午前中は七つのテーマによる「事例紹介」。関東に避難された方、京都・北海道といった自治体、保養や避難者受け入れを行っている方々の報告が続きました。

午後からは、「避難者支援」「健康・医療・食品・測定」「保養プログラム」「子どもの権利の視点から」「女子会（Peach Heart）」の五つの分科会に分かれての協議と、初日を集約したパネルディスカッションが行われました。

相談者は２００家族

２日目は、60を超える避難者支援団体、保養プログラム実践団体、個人による「相談会」

「放射能からいのちを守る全国サミット」の全体会（2012年２月）

春休みやゴールデンウィークの保養についての受け入れ相談（2012年２月）

「ワークショップ」「展示」が行われました。

どれくらいの参加者があるのか事務局側は心配したようですが、相談者は200家族に達したようでした。

それぞれの家族ごとに抱える事情は複雑です。しかし、親身に耳をすまし、寄り添ってくれる支援者の皆さんと、直接、顔を会わせたことで、ホッとした表情を見せる方もたくさんいました。なかには、「どうして、そんなに親切にしてくれるのですか」と言う人もいるほど、心温まる交流がもてたようです。

「春休みやゴールデンウィークの保養に参加して、心身をリフレッシュしましょう」という提案も多く、来場者は多くの情報を得られたようです。

同日には、福島市内の見学会も行われ、参加者は地域の実情や避難の権利についても学びました。また、除染の取り組みについて、これからどう進むのか、地元住民の方にお話を聞きました。「徹底的に除染された」という地点でも、周辺の空間線量とほとんど変わらないところもあり、広域的な除染の難しさを実感することができたようでした。

参加者からは、「このような機会があってよかった」「同じような考え方の方々と会えてうれしかった」「深刻さを知り、課題も山積みだが、今後の方向性を確認できた」といった感想をいただきました。大盛況の2日間でした。

夏の保養キャンプ相談会

二本松市と伊達市で相談会開催

「夏の保養キャンプ相談会」を２０１２年6月2～３日の両日、「避難・疎開・保養班」の早尾貴紀さんが企画し、二本松市と伊達市で開催しました。主体となって動いたのは、二本松市が市民放射能測定所を運営するＴＥＡＭ二本松の佐々木道範さん、伊達市が会田《あいた》恵《めぐみ》さん、芳賀ますみさんです。

全国で受け入れ支援活動をしている団体が、北海道から沖縄まで、25のブースを使って参加してくれました。子どもたちだけのキャンプ、親子参加のキャンプの他、週末保養、疎開・移住なども含め、多様な受け入れ支援プロジェクトをもった諸団体の結集でした。

これだけ多くの団体が一堂に会した理由としては、次の2点が考えられました。一つは、二本松市と伊達市という高濃度の放射能汚染で知られている2地域での開催であること。二つ目は、夏休みキャンプを募集する時期のピークと重なったこと。

来場者数は二本松会場で約１５０組、伊達会場で約２５０組、合計約４００組でした。３・

11から約1年が過ぎて、地元に残りつつも、子どもたちの被曝リスクを心配している親御さんたち。彼らが、条件のいい保養先を必死で探していることがよくわかりました。たくさん並んでいた置きチラシは次々となくなり、人気のキャンプは相談席の順番待ちで、すぐに定員に達していました。

現地で開催することの意義

二本松会場のすぐ外に、空間放射線量を示すモニタリングポストがあります。大きな電光掲示が毎時0・6〜0・7マイクロシーベルトを示していました。この数値は、放射線管理区域（放射線を扱う専門家だけが短時間の作業のために入ってもいいという場所）に相当する数値です。しかし、地元の人にとっては、風景の一部になっていました。1年を過ぎてもなお、この状態が、乳幼児を含めた全住民に強いられているのです。相談会にブースを出していたある人が、会場脇の河川敷公園の地表を計測したところ、毎時7・7マイクロシーベルトありました。その人は、その場所を子どもが歩いているのを見て、心底怖かったと言いました。

それほど放射線量の高い場所で、小さな子ども連れの家族から、私たちは相談を受けていたのです。「自分たちが放射線測定器を持って恐る恐る足を踏み入れるような場所で、『日常』を営む人たちがいるという現実を、支援者のみなさんに肌身で感じてもらいたい」。それも現地で、相談会を開催することの意義の一つでした。

長期的に関わる方式を模索

夏のキャンプと保養が中心の相談会でしたが、避難・移住の相談も少なくありませんでした。次のような声が、移住支援をしているいくつかのブースで聞かれました。
「こうやって、保養先を継続的に探して、毎回、参加申し込みをすることに、もう疲れてしまいました。ここを離れるべきだと思うのですが、震災から1年以上過ぎた今、どれだけの住宅支援や就労支援があるのか不安です。直接、資料を持って、移住の選択肢について説明に来てくれるのは、本当にありがたい」

受け入れ支援活動も2年目に入りました。

手探りで、「何でもいいから外に出したい」とやってきた1年目とは異なり、腰をすえて、長期的に関わる方式を模索しなくてはならない時期にきています。
「子ども目線でのコストを抑えた継続的な保養企画」、「地元の親御さんたちとの信頼関係や連絡網の構築」、「週末保養から移住支援まで、近隣県から北海道・沖縄まで、ニーズに柔軟に対応できる支援団体のネットワーク」など、やるべき課題は山積みです。

支援団体のネットワークは、全国サミット以降、準備会を重ね、２０１２年8月、３１１受入全国協議会が立ち上がり、共同代表にみかみめぐるさん、佐藤洋さん、早尾貴紀さんが就任しました。

第5章

福島の女性としてのメッセージ発信

「原発いらない福島の女たち」の東京でのデモ行進

ニューヨーク国連本部前で福島の実態を訴える

つねに「子どもを守るためなら、どこへでも」の心構えで

「佐藤さん、福島の現状を話してくれますか?」

2011年4月21日の院内集会の後、参加者の一人から声をかけられました。私は「子どもたちを守るためなら、どこへでも行きます」と答えました。

その結果、どんなことになるかなど、そのときは想像もしていませんでした。

同年6月3日、私は、横浜で初めて講演会の講師を務めました。時間は1時間。話し始める直前まで、何を話すかさえ決めていませんでした。レジュメもなく、ぶっつけ本番で、頭に思い浮かぶことを次々と話しました。

翌4日は横浜から北海道に飛びました。5日に、北海道泊《とまり》原発の近くの岩内《いわない》と余市で講演をするためでした。福島で何が起こっているのか、県外の人にはまったく情報が届いていないこと、そして、「福島の子どもたちのために協力したい」という人々がたくさんいることを知りました。それ以降、私は、頼まれれば予定が空いている限り、どこへでも行きました。

「福島から行かなくてどうする」との誘い

北海道に呼んでくれた市民団体Shut泊代表の泉かおりさんから、２０１１年8月、電話をいただきました。その日は、北海道知事が、緊急停止していた泊原発の稼動にゴーサインを出したことでついに堪忍袋の緒が切れて、

「幸子さん、アイリーンさんと３人でニューヨークへ行くわよ。原発を止めるには世界から発信してもらわなくちゃ止まらない。今、福島から行かなくてどうするのよ！」

と、私に電話してきたのでした。

9月22日には、国連で原子力安全に関する首脳会議が行われ、そこで野田佳彦首相が演説をするという情報が入っていました。なんと、内容は「世界一安全な原発を輸出する」というものでした。

かつて、日本は、国内で使用禁止となった農薬を、アジアに売りつけたことがありました。今回、また原発で同じことをアジアやリトアニア（２０１２年10月の原発設置の賛否を問う国民投票では、反対が6割を占めた）で繰り返すつもりなのでしょうか。お金のためなら、アジアをはじめとする原発輸出先の子どもたちを犠牲にしてもいいというのでしょうか。

それに抗議するため、その日に合わせて渡米し、国連前で市民レベルの集会を開こうというのです。

「アメリカ市民使節団」としてワシントン、ニューヨークを訪問

9月18日から25日まで、「アメリカ市民使節団」として、ワシントン、ニューヨークを訪問し、福島原発震災の実態をアピールすることになりました。

参加者は私を含めて6人です。

「Shut 泊」代表泉かおりさん、「グリーンアクション」代表アイリーン・美緒子・スミスさん、「北海道の有機農家」安斎由希子さんと、私の子ども2人（美菜、友生）です

アイリーンさんは、泊原発再稼動反対デモのとき、「気がついたら飛行機に乗っていたの」と、はるばる京都から札幌に駆けつけた人でした。こと、原発のことになると、みんな我を忘れてしまうようです。

私は、それまで海外に行ったことがなく、かなり躊躇しました。しかし、決意しました。「福島の子どもたちを守るには、もう国内だけでは守れない。一人の農民として、母親として、市民として、この福島の現状を、アメリカに、そして、世界中に訴える必要がある」と。

9月22日に、国連で原子力安全に関する首脳会議が開催されることになっていたので、その日に合わせて、国連前で市民レベルの集会を開き、アピールすることにしたのです。

その前後には、盛りだくさんのスケジュールが組まれました。

国会議員・議員秘書・原子力規制委員会委員との会合、ワシントン、ニューヨークの反原発

運動団体との交流、福島原発事故後に制作されたドキュメンタリー映画の上演会とシンポジウム参加、ニューヨークからいちばん近い「インディアン・ポイント原発」現地住民との交流、記者会見、ラジオ生放送、電話インタビュー、などでした。

訴えた五つのメッセージ

会合や記者会見で、私が訴えたメッセージは、次のような内容です。

①私が30年間、農薬や化学肥料を使わず、田畑を耕さずに、自然の営みに添った農法「自然農」という方法で作物を育ててきた農地を捨てねばならなかった辛さ。

②自分の子どもたちを避難させたこと。しかし、福島県にはまだ子どもたちが残っていて、今でも被曝を強いられていること。

③国は、年間被曝量の基準値を上げて、避難させないようにしたこと。子どもたちのいのちを守らず、経済を優先していること。

④避難できる人とできない人の間で溝ができ、助け合ってきた家族や仲間の心がバラバラになってしまったことの悲しさ。

⑤県や国は、汚染のデータを公表せず、福島は安全だと事故後、すばやく「安全キャンペーン」を張り巡らせ、県民２００万人をモルモットにしようとしていること。

日本の非人道的対応にビックリ

アメリカでは、当時、原発事故の報道はされておらず、「フクシマ」は過去のことになりつつありました。集会会場に足を運んでくださった方々は、フクシマの情報を得ることができず、「子どもたちのことを本当に心配していた」と話されました。しかし、私たちの話を聞いて、日本という国のあまりの非人道的対応にビックリされ、子どもたちの支援をしてくれることを申し出てくれました。

世界一危険なインディアン・ポイント原発（右奥）を視察。ニューヨークから64㎞のところにある

原子力規制委員会委員との会談では、次のような委員の発言がありました。

「世界一の除染技術がアメリカにはあるので、申し出があれば提供する」

また、「フクシマの情報を収集して、学び、教訓としてアメリカの原発に役立てたい」との発言がありました。この発言に対して、「情報はどこから収集するのか」と問うと、「日本政府から」という答えが返ってきました。これに対し、私は、「政府の情報は信用できない。市民から情報を集めてほしい。安全な原発など一つもないのだということを学んでほしい」と話しました。

国連前で思わず野田首相に叫ぶ

22日午後5時半、野田首相が国連前のレセプション会場に姿を現しました。そのとき、私はハンドマイクを持って、思わず叫んでいました。

「市民の声を聞いてください」
「福島の子どもたちを守ってください」
「安全な原発など一つもないということをフクシマから学んでください」
「原発の再稼動をしないでください」
「福島の子どもたちを守らないで、原発の安全を言うのは、卑怯だ」
「すべての原発を止めて、日本の子どもたちのいのちを守り、世界じゅうの原発を止めるきっかけをつくった首相として、世界史に名前を残してください」

22日の午前中、国連総会で「世界一安全な原発をめざし、原発を輸出する」と発言した野田首相の耳に、私の声がどれほど届いたかはわかりません。それでも、言うべきことは言い尽くしました。その映像が、日本の夕方のニュースで流れていたことを、宿泊していたホテルに戻ってから、知りました。

「人間が生きていくのに本当に必要なものは何か」、「この世に生まれてきたいのちには役割があり、失っていいいのちなどない」。そのことを、首相をはじめとする為政者が考えてくれることを願います。

世界一危険な「インディアン・ポイント原発」

アメリカは原発大国です。そのアメリカに初めて行って、知ったことがありました。それは、「世界一危険な原発が、ニューヨークからわずか64㎞のところにある」ということでした。それはインディアン・ポイント原発です。

福島第一原発と同じ型で、天然ガスのパイプラインが2本、その地下を通っています。「西海岸はこれまで地震がないところだった」ということから、地震対策もされていません。しかし、最近、活断層が見つかり、私たちが訪米する直前には、地震がありました。

また、同原発には火災報知器もついていません。そして、「電源喪失のときの非常用電源は25分しかもたない」という、最悪の原発なのです。

福島原発事故直後、アメリカ政府は、日本に住むアメリカ人の避難範囲を80㎞としました。そのため、アメリカ国内の原発事故のときの避難範囲も80㎞としなければなりません。

同国は「事故が起こる」ことを前提に考えている国です。「安全神話」一辺倒の日本とは大違いです。

しかし、インディアン・ポイント原発の半径80㎞圏内には、１８００万人が住んでいます。これらの人々を避難させる計画は、とうてい無理だという報告書が原子力規制委員会から出されたそうです。当然です。

勢いを盛り返してきたアメリカの反原発運動

アメリカでは、過去に一度だけ原発を廃炉にした経験があります。女たちが座り込み、新設した原発を一度も稼動させることなく廃炉にしたのです。

２０１１年10月１日、その日に行われた全米統一デモでは、女たちが原発を廃炉にしたときと同じポスターが使われました。当然のことながら、日本では全米統一デモのことがまったく報道されていません。

チェルノブイリ原発事故以来、沈滞化していたアメリカの反原発運動が、３・11の福島原発事故以降、再び、勢いを盛り返してきているそうです。スリーマイル島、チェルノブイリ、フクシマ。もう、これ以上、事故があってはなりません。福島の子どもたちが味わった悲しみを二度と子どもたちに味わわせてはならないのです。

「必ず、原発を止めましょう。未来の子どもたちのいのちを守りましょう」

そう、話して、アメリカを後にしました。福島の現状を知らせ、反原発を訴える７泊８日の旅は、福島を思う多くのアメリカ人との出会いの旅でもありました。

「原発いらない福島の女たち」の座り込み

女たちは立ち上がり、そして座り込む！

「原発いらない福島の女たち」が、経済産業省前のテントひろばで、２０１１年10月27日～29日までの３日間、座り込みをすることを決めたのは、同年８月のことでした。

それ以前、私たちにはどこからともなく、次のような声が聞こえていました。

「福島の人はおとなしいね。もっと怒ってもいいのに」

もちろん、私たちは怒っていました。それどころか、悲しさと悔しさに日々気持ちがかき乱されていました。いい加減な「風評」に抗すべく、「何かやってみたい」、それも「目に見えるかたち」で。そういう思いが女たちの間で高まってきていました。

「やっぱ、ハンスト？」

「それもいいけど、多くの人が参加できるものがいいんじゃない」

「場所は、県庁前か東京か」

「どうせなら、国会前だよね」

女たちの会話は盛り上がり、トントン拍子にコトは決まっていきました。女たちの輪は日ごとに膨らみ続け、福島県内に住む参加希望者は１００人を簡単に超えていきました。準備段階におけるスタッフは10人足らずでしたが、一人ひとりが得意分野を最大限生かし、直前には睡眠時間を削って奔走し、メールを打ち続けました。

政府のあまりにも理不尽な対応に、このまま黙っていることができなくなった女たちが、ついに東京に乗り込むことにしたのです。キャッチコピーは、「女たちは立ち上がり、そして、座り込む！」でした。

27、28、29日の行動ライブ

10月27日、オープニング集会で、私は、「原発は母性が許しません。二度と福島の子どもたちのような苦しみを、日本じゅうどこにも起こしてはいけません」と訴えました。

その後、午前中は、経産省に申し入れをしました。若い官僚7人を相手に、福島の女たちは、次のように訴えました。

「子どもたちを避難させてください。安全で美しい福島を返してください。原発は不要なものであり、私たちはもうだまされません。福島の悲惨な事故がありながら、原発再稼働やアジアへの輸出などは、断じて許しません。自主避難を権利として認めてほしい。あなた方の首をかけて、子どもたちを守ってください」

女たちは、声を大にして、声を震わせながら、訴えました。会見中、ずっと、泣き声も聞こえていました。同日午後は、第二衆議院議員会館へ行きました。二人ずつ組になり、皆で手分けをして、女性議員全員に面談を申し込みました。しかし、議員は不在か、いても「来客中」で、顔も見せてくれませんでした。

28日午後は、約束なしで、首相官邸へ行きました。前日の女性議員訪問が実を結ばなかったことから、「本当は総理に大臣に会いたいのだ」ということを再確認し、突撃したのでした。すでに夕闇が迫り、会見を諦めかけたころ、急遽「秘書が会える」との報が入りました。テント村を抜け出して、足早に歩きながら皆で前相談をし、それぞれの話す内容を確かめ合いました。通された部屋は、秘書室ではなく、総理大臣補佐官の部屋でした。補佐官に対して、それぞれが、福島の悲しみ、困難、避難生活の不条理を、自分の言葉で語りました。

29日午後は、デモ行進をし、経産省を人間と指編みの毛糸のロープで囲みました。そして、「かもめ広場」でエンディング集会を行いました。

福島の女たちは、3日間、実は、座っている暇もないほどに動き回りました。最後まで必死にマイクを握り、歌い、握手し、ハグし合ったのです。

福島の女たちから全国の女たちへ

座り込みを始めるまでは、私たちの行動に何人の人が賛同してくれるのか、まったく予想ができませんでした。しかし、始めてみると、その反響は想像以上でした。

「全国の人たちが、福島からの声を待っていたんだ」

そう、実感しました。３日間の座り込み延べ人数は２３７１人。29日のデモ参加者は約１３００人にのぼりました。

「原発いらない福島の女たち」が、10月27日から29日までの３日間の座り込みを続け、その後の10月30日から11月５日までの７日間を、「原発いらない全国の女たち」がつないでくれました。合計10日間、テントを訪ね、ともに座り込みをした人は延べ人数で、４０００人以上にな

若者たちも座り込みをする

脱原発のデモ行進

座り込みで指編みのロープをつくる

りました。

全国の女たちは、指編みに加え、布バナーづくりに取り組み、自分のサイン入りバナーをつなぎました。指編みでできたロープは、５日最終日、私が一つの毛糸玉に丸め上げ、毛糸の地球儀にしました。女たちのシンボルとしてテントに座り続けています。

未来を孕む女たちのとつきとおかのテントひろば行動

「再び繋がります。続けます」の声

「原発いらない福島の女たち」が３日間座り込みを行った経産省前テントひろばで、それを引き継ぐかたちで、２０１１年12月１日から２０１２年９月11日まで、「未来を孕《はら》む女たちのとつきとおかのテントひろば行動」が始まりました。

同テントひろば行動の趣旨は、テントひろばを拠点に、「女たちによる脱原発・反原発のアクションを行っていく」というものです。

これは、「原発いらない福島の女たち」の呼びかけ人であり、子ども福島ネットの防護班世話人でもある椎名千恵子さんが、「経産省前テントひろばをなくしたくない」と思ったところ

から、発案したものでした。私も呼びかけ人の一人になっています。同テントひろばは、再び、「女たちの集う場所」となったのです。同テントひろば行動の「メッセージ」を紹介します。

●「再び繋がります。続けます」
縫う、唱う、踊る、書く、描く、紡ぐ……
思い思いのスタイルで、
いのちの豊かさをもって抗う女たちの闘い。
とつきとおかリレーしあって続けます。
●「テントひろばで熱く語ります」
「子どもたちにどんな未来を残すのか」
「どう変えたらいいのか、変わったらいいのか」
そこで生まれる発意は、それぞれの次へとつながり
ジワジワと広がり伸びてやがては根をはり
その先、世界を揺るがす力のひとつとなることでしょう。
●とつきとおか、いのちを守る人、いのちを張ります！
経産省前テントひろば行動へご参加ください！　どなたでも!!

「一歩踏み出す勇気が出る」交流の場に

「未来を孕む女たちのとつきとおかのテントひろば行動」は、年末年始も休むことなく、運営されました。最初に、経産省前にテントを張った9条改憲阻止の会の皆さんが中心となり、24時間体制で守ってくれていたからです。しだいに、このテントに全国から、海外から、多くの人たちが訪れるようになりました。皆さんは、口々に言いました。

「福島の本当のことを知りたい」
「福島の人の話を聞きたい」
「何か自分にできることはないか」

ここは、「一歩踏み出す勇気が出る」交流の場となっていったのです。

ある川柳作家は、「未来を孕む女たちのとつきとおかのテントひろば行動」を次のように詠んでいます。

「革命の風おなごから吹いてくる」

「テントより原発をなくせ！」の抗議殺到

「経産省前テントは不法占拠だ」

２０１２年１月24日、枝野経産相が記者会見で、敷地からのテントの退去を文書で要請したと話しました。撤去期限は27日午後5時と指定していました。

27日、テントには朝早くからたくさんの人々が詰めかけ、座り込んでいました。午後1時からは弁護士会館で記者会見を行いました。森園かずえさんは、「本当のことを書いて！　本当のことを報道して！」と記者たちに訴えました。

午後4時からは、テントひろばで集会が始まりました。参加者は最終的に８００名を超えたようでした。双葉町から避難していた女性は、次のような発言をしました。

「私は、３０００円と保険証だけを持って逃げました。東電からの仮払い金は、後で返さなくてはいけません。苦しくひどい生活を強いられている人がたくさんいます。私たちの生活を奪った原発は絶対に許せません」

浪江町の牧場主、六ヶ所村の女性など、次々に発言しました。途中には、椎名千恵子さんの民謡「会津磐梯山」と黒田節子さんのかんしょ踊りも披露されました。

福島には昔から民衆抵抗の象徴である「会津磐梯山かんしょ踊り」というものがありますが、その踊りで経産省を包囲したいという提案もありました（１７０ページを参照）。

これらの抗議行動を前に、経産省の職員はまったく姿を現しませんでした。枝野経産相には、「テントより、原発をなくせ！」という抗議メールや電話、ファックスが８０００通殺到したそうです。抗議するネット署名は2万５０００人に及び、集会を生中継したニコニコ動画の映像を視聴した人は1万人に及んだといいます。

２０１２年９月11日、経産省前のテントは１周年を迎え、「とつきとおかのテントひろば行動」の最終日となり、１周年集会を行いました。そして、今も撤去されることなく、人々の拠点となり続けています。

大飯原発の再稼働を阻止するために

再稼働反対の「リレーハンスト」

経産省前テントから、「大飯《おおい》原発再稼働反対」の声もあがりました。

福島原発事故がいまだ収束せず、放射能汚染が東日本全域に広がったことで、脱原発への思いは日本じゅうで高まりました。そんななかにあって、市民の議論も、新組織「原子力規制庁」の発足も待たずに、再稼働を強引に推し進めようとする野田政権に対して、「絶対に許すことができない」として、抗議の声があがったのです。

２０１２年３月25日には、再稼働を阻止するために、福井県小浜《おばま》市にある明通寺の住職・中《なか》嶌哲演《じまてつえん》さん（70歳）が、福井県庁ロビーで断食に入りました。

中嶌さんは、１９７９年にスリーマイル原発事故が起きたとき、当時の通産省資源エネルギー庁ロビーで、次のように語った方です。

「仏教者が行うべき五戒の筆頭に『不殺生戒』があります。しかし、『殺すなかれ』では不十分です。『殺させるなかれ』を実践して初めて『不殺生戒』をまっとうできるのです」

私たち「未来を孕む女たちのとつきとおかのテントひろば行動」は、この中嶌さんの決意と祈りに、福島から、全国からつながりたいと、3月31日から「リレーハンスト」に踏み切ることにしました。福島、北海道、静岡、東京など、それぞれの場所で、一人24時間のリレー断食に入ったのです。

福井県知事とおおい町長へ申し入れ

この私たちの行動に連帯して、今度は「経産省前テントひろば」でも、「大飯原発再稼働絶対阻止」の「ハンスト宣言」をしました。期間は4月17日から5月5日まで。集団的完全ハンストの決行です。

彼らは呼びかけのチラシに、「なんとしてでも再稼動を阻止し、5月5日を全原発が停止する、脱原発運動の記念すべき偉大な祝日として迎えよう」と記しています。

私たち子ども福島ネットは、福井県知事と、おおい町長へ要望書を提出しました。福井県知事の西川一誠さんには4月24日に、おおい町長の時岡忍さんには5月25日に、「大飯原発再稼働に対する申し入れ書」を提出しました。

同県と同町に対する申し入れ内容の抜粋（原文）は、次のとおりです。

もし、西日本の原発が事故を起こせば、福島の子どもたちは何処に避難、疎開、保養をすればいいのでしょうか。もちろん、子どもたちばかりでなく、農林水産業、商業、観光業、製造業全てに大きな影響をもたらすことが、福島原発事故で証明されました。福島の悲劇を二度と繰り返して欲しくないのです。

福島の放射能の影響は、今後何十年も消えないのです。チェルノブイリの子どもたちは26年経ってもいまだに、保養に出なければならないという現実があります。福島の子どもたちも、そうなるのではないかと心配しています。

どうぞ、福島の子どもたちの避難、疎開、保養先をなくさないで下さい。福島の子どもたちが安心して食べられる、お米、野菜を作れる場所を奪わないで下さい。それはすなわち、福島の子どもたちだけでなく、福井の子どもたち、日本の子どもたちの未来を守ることになるのです。

以上の理由から、下記のことを申し入れます。

記

①大飯原発再稼働を認めないでください。
②原発に頼らないエネルギーへの転換に全力を注いでください。

③福島の子どもたちの避難、疎開、保養支援を積極的に行ってください。

６月７日には、黒田節子さんが呼びかけて、官邸前で「ダイ・イン行動」を行いました。そして、野田首相に対して、「再稼働反対の要望書」を提出しました。同時に、20人の福島の女たちが３・11後のそれぞれの思いを伝えました。

しかし、それを無視するかのように、６月16日、政府は再稼働を正式に決めました。

これを受けて、私たちはついに、６月29日、再稼働に賛成する国会議員を次の選挙で落選させる「一票一揆」を行うことを、国会正門前で宣言したのです。この行動は、北海道の泉かおりさん、山口たかさんが呼びかけて、実現しました。

翌30日は、おおい町で再稼働反対の「もう一つの住民説明会」の集会とデモがあり、小雨のなか、福島から私と森園かずえさんが参加して、福島の現状を伝えました。

しかし、残念なことに大飯原発３号機が７月１日に、４号機が同18日に再稼働してしまいました。

多彩な顔ぶれの金曜デモ

大飯原発３号機、４号機の再稼働を受けて、市民の政府に対する抗議活動は、日々激しさを増していきました。市民は、大飯原発再稼働に反対するために、２０１２年３月29日から東京・永田町にある首相官邸前で、たびたび抗議行動・デモを行ってきました。主催は、２０１1年9月に立ち上がった首都圏反原発連合です。

しかし、政府が再稼働を決めたころから市民の怒りは、我慢の限界を超え、参加者は回を重ねるごとに増えていきました。再起動直前の６月29日には、車道まで人があふれ出し、主催者側の発表で約20万人が参加したそうです。

今では、その抗議行動は定例化され、「金曜デモ」と称されるまでになっています。人々は毎週金曜日、夕方6時ごろから集まり、「脱原発」を叫ぶ声で首相官邸を埋め尽くしています。

国会前でアピールする（2012 年６月 29 日）

官邸前でアピールする福島の女性

再稼働直前の６月 29 日には約 20 万人が参加

このように、官邸がデモの波に取り巻かれるのは、実に１９６０年の安保闘争以来のことだとか。しかし、当時のデモと違うのは、その顔ぶれです。今、毎週金曜日ごとに集まる人々は実に多彩です。安保闘争を経験した高齢者もいれば、小さな子どもを連れた主婦も、会社帰りの若いサラリーマンもいます。

全国で、それぞれの人が自分のできることを見つけ、動き出しているのです。

右も左もありません。過去の運動にもとらわれません。「いのちがいちばん大事」と思った人々が、すべてを乗り越えてつながらなければならないほどに、今、私たちは重大な分岐点に立たされているのです。

女たちの「原発いらない地球(いのち)のつどい」

私たちは、これ以上奪われない、失わない

「あの日から1年……。憤怒、恐怖、絶望、悲嘆、不安から『すべてのいのちを守れ！』……と、祈りをこめて集います」

２０１２年3月10・11日の両日、「原発いらない地球（いのち）のつどい」が、福島県の郡

山労働福祉会館・ビッグアイ市民プラザなどを会場に開催されました。開催事務局は「原発いらない福島の女たち」です。私たち子ども福島ネットも主催者側として関わりました。

1日目の10日は、「私たちは、これ以上奪われない、失わない」をキャッチコピーにしたシンポジウム「福島原発事故被害者のいのちと尊厳を守る法制定を求めて」が開かれました。その後、鎌田慧さんの「脱原発と民主化への道」と題した講演会が開かれました。

鎌田さんはルポライターで、作家の大江健三郎さん、落合恵子さんらとともに「さようなら原発1000万人署名」の呼びかけ人の一人でもあります。『六ヶ所村の記録』(岩波現代文庫)、『さようなら原発の決意』(創森社)などの著書でも、利権まみれの原発絶対体制の闇と罠を報告しています。

青森県出身の彼は、豊富な取材をもとにして、白河以北の住民に対する差別、過疎地が原発を一方的に押し付けられてきた歴史、地元住民のいのちを軽視するかのような電力会社の姿勢、などについて詳しく語ってくれました。

福島県民大集会には1万6000人が集う

2日目の11日(午前中のみ)は、二つの会場でさまざまな分科会が行われましたが、ビッグアイ市民プラザでは、六つのセクションに分かれて、テーブルトークが行われました。テーマは次の六つでした。

①３・11以後のドイツと日本（フーベルト・ヴァイガーさんの話）
②福島での診療所づくり―今、なぜ？　どんな？（医師・吉本哲郎さん、鍼灸師・橋本俊彦さん）
③上関《かみのせき》原発予定地祝島（氏本農園の氏本長一さんの話）
④避難者として（松本徳子さん）
⑤原発いらない―ひとり活動を始めて（植月美子さん、太田清代子さん）
⑥高汚染区域住民として（福島市渡利地区と南相馬市の方）

このテーブルトークには東京、神奈川、大阪、広島からも参加者がありました。「原発いらない―ひとり活動を始めて」で話された植月さんは東京の人。彼女は、衆参両院国会議員すべての人（約８００人）に福島の子どもたちを助けるべく手紙を出したそうです。そして、活動しているなかで徐々に賛同者が現れたことなどを話してくれました。

この日の午後からは、「東日本大震災・福島原発事故１周年　原発いらない！　３・11福島県民大集会」が、郡山市開成山野球場で行われました。

加藤登紀子さんのコンサート、大江健三郎さんのスピーチなどがあり、全国から約１万６０００もの人が集まりました。福島県民６名の発言には、１年間の切実な苦しみ・悲しみ・怒りとともに、新たな一歩を踏み出すかすかな光も見えました。参加者全員で、鎮魂の祈りをささげるとともに、「脱原発の誓い」を新たにしました。

若い世代をつなぐ『Dear Friend』

福島で暮らす「子どものいない世代」の想いとは？

「つたえたい　想いがある　わたしから　あなたへ　大切な人へ　この1冊を……
Dear Friend」

２０１２年1月、『Dear Friend』という小さな30ページの冊子が私の長女・麻耶の手によってつくられました。

内容は、「福島に住む若者たちの本音」、「大好きなあの人と毎日食べたい　モテごはん」（料理案内）、「休日は楽しい時間を大切な人と」（カフェなどの紹介）、「『良いもの』を良いと思える……そんな時間をあなたへ」（山形県内にある「農家レストラン」などの紹介）、「福島にある若者たちのグループ紹介」「しっておきたい『10』のこと」（放射能に関する基礎知識）などです。

２０１１年の夏、彼女は単身で山形県に避難していました。しかし、周りには同世代でも子どものいる人が多かったようです。あるとき、同じ地域に避難していた子どものいない同世代の女性に出会いました。そして、話をしていくにつれ、「子どものいない世代」の悩みと、「子どもをもつ世代」の悩みとは違うことに気がついたのです。

そこから、「福島で暮らす、子どものいない世代は、どんな想いで今を生きているんだろうか」と考えたそうです。そして、この冊子が生まれたのです。

立ち上がった福島の若い女性たち

「津波で大切な人を亡くしたわけでもなく、避難区域でもない、すごく中途半端な被災者っていう立場で、自分も何かしなきゃって思ってて、でも何ができるか全然わかんなくて。私みたいな発信能力もない一般人が声をあげたり、何かできる場所をずっと探し続けてたから。福島でも放射能のこととか、なかなか話しづらい状況があると思うけど、まずは知って、向き合って、じゃあ自分に何ができるかって話し合える雰囲気になってほしい」

そう語るのは、川俣町出身の小笠原真代《まよ》さん。彼女は仲間とともにPeach Heartという団体を立ち上げました。

これは、福島県在住・福島県出身（避難中も含む）の若い女性を中心に立ち上がった団体です。学生、社会人などの枠を超えて、同じ境遇にある若い女性たち自らが、「この福島をどう生きるのか」「女性として、未来のママとして。どんな女性になっていくのか」を話し合い、支えあえることを目的にしています。

Peach Heartの「三つの約束ごと」は次のようです。

①自分のココロとカラダを精いっぱい大切にする。そして大切な人も大切にできる人になる。

②福島を想う心をもち続ける。

③自分らしく、イキイキと輝いて生きる。

『Dear Friend』は、わずか30ページの小冊子ですが、このPeace Heartをはじめ福島の今を生きる若者たち、女性のやわらかな心がたくさんつまった冊子になっています。

福島の若い女性たちも立ち上がっているのです。

娘の麻耶は、「手渡すことで会話が生まれればいいな」と語っています。

第６章

放射能汚染による健康被害と分断

除染した土や剪定枝（袋入り）が空き地に放置されたまま（川俣町）

なぜ、「福島」原発だったのか

失われた福島の「福」

福島は、たくさんの「福」があるところです。県の形が美しい大地のオーストラリアに似ているとのこと。福島県も「うつくしま、ふくしま」の造語どおり、きれいな空気と水、豊かな実りを与えてくれる大地です。そこからとれる野菜、米、果物。それらは、身も心も満足するほどおいしいのです。

これほどまでに素晴らしい福島が、たかが電気一つをつくる「原発」のために、すべてを失いました。人間だけではなく、そこに生きている生きものすべてが犠牲にされてしまったことに、怒り、絶望、悲しみ、無念など、さまざまな感情がわきあがってきます。

毎朝、目が覚めるたびに、「夢であってほしい。でも、現実なのだ」と、自分に言い聞かせます。そして、重たい体を引きずるようにして起き上がり、一日が始まるのです。

先行きが見えず、不安だけが頭の中で大きくなるのをかき消すかのごとく、これまで、がむしゃらに仲間と走ってきました。ただ、「子どもたちのいのちを守りたい」という思いだけで。

原発事故を考えるとき、「なぜ、福島原発だったのか?」「なぜ、２０１１年だったのか?」と、自問自答します。「自分に起こった出来事には必ず意味がある」と思うからです。福島の「福」を失ってしまった今、それを取り戻すために、私たちがしなければならないことは何なのか。人間が生きていくために必要なものは何なのかを、もう一度考え直さなければならないと思えてならないのです。

県名が原発の名前についた意味

原発に県名がついているのは、「福島」と「島根」だけです。その名前には何か意味があるのではないかと思って、調べてみました。

当時、原発ができると福島県には、只見の水力発電、広野の火力発電、そして、大熊・双葉の原子力発電と、３タイプの発電所がそろうことになります。それで、福島県は「エネルギーの県」として名をとどろかせたいという目論見から、町村名ではなく県名をつけたと言われています。

しかし、その目論見は、事故を引き起こした今となっては、逆に、「県内すべてが放射能で汚染されてしまった県」というイメージをもたせてしまう結果となりました。

もし、「福島原発」が、「大熊原発」や「双葉原発」という名前だったなら、県外の人たちに映る印象は違っていたかもしれません。

南会津地方がどんなに空間線量が低くても、県外の人にはやはり同じ「福島」なのです。だからこそ、福島県民は一つにならなければならないのです。一つになって、原発事故の悲惨さを、語り継がなければならないのです。県内はもとより、日本全国に避難を余儀なくされた多くの福島県民は、この事故を「風化させない」ための「メッセンジャー」なのだと思っています。

福島県民は「メッセンジャー」

もうすでに、福島県以外の地域では、この事故のことを忘れかけています。福島は遠い存在なのです。「喉元過ぎれば熱さ忘れる」のことわざどおりになってはいけないのです。もし、このような事故が再び日本のどこかで起こったら、日本にはもう、どこにも、安全で、安心して住めるところはなくなってしまいます。

そうならないために、原発事故の「メッセンジャー」として、福島県民は立ち上がらなければならないのだと思います。この地震大国日本に54基という正気の沙汰とは思えないほどの原発がつくられてしまいました。そのことに、何の疑問ももたない人々に対して、はっきりと「原発はいらない」と声に出して言うことができるのは、当事者である福島県民だけです。

その声をあげることを恐れてはならないと思います。このような悲惨なことは、もう、日本、そして世界のどこにも起こしてはならないのです。

子ども福島ネットでは、当時の野田佳彦首相に「子どもたちの未来を守るための要望書」を２０１２年７月７日付で提出しました。全文を原文のまま紹介します。

昨年3月11日を境に、私たち福島県民はかつて経験したことのない苦難の日々を送っております。その苦しみ、絶望、恐怖、怒りは日をおって募るばかりです。

子どもたちを放射能から守る福島ネットワークは、昨年5月1日、「子どもたちを守ろう」と集まった県内外の市民によって立ち上げました。「子どもたちを守るためのあらゆることをしよう」「考え方の違いを超えて誰とでも繋がろう」と活動してきました。

今回の原発事故は、これまで、日本政府が行なってきた経済優先の政策が引き起こした事故であると考えています。「原発安全神話」で国民をだまし続け、事故が起これば「想定外」と言い訳をすることから始まり、事故後の対応は到底納得いくものではありません。特に事故直後の情報隠蔽、新たな「放射能安全神話」を作り出し、福島県民に無用な被曝をさせたことは許しがたい行為です。

これによって、子どもたちの未来はいつ訪れるかわからない健康被害の恐怖に怯えながら生きて行くこととなりました。この事実を認めず、放射能被害はなかったことにしようとする、政府のやりかたに、子どものいのちが一番大切だと考える私たちは何度も申し入れをしてきました。残念ながら年間被曝量20ミリシーベルト基準も撤回されずにいます。そのため避難の権

利を認められないいわゆる自主避難者は、補償も十分でない中での生活です。

そのような状況の中でも私たち福島県民は、この事故を教訓として二度と同じ過ちを繰り返してほしくないと全国に発信してきました。そのためには、まず原発を止めることから始めなければなりません。「安全な原発など一つもないこと」「原発は人類が手を出してはいけないこと」「すでに出来てしまった核廃棄物は何十万年も管理しなければならないこと」を日本国民はすでに知っています。それを政府がなぜ認めないのでしょうか。いのちより経済を優先することを多くの福島県民は望んでいません。この声をどうぞ真摯に受け止めていただきますよう強く要望いたします。

記

一、日本政府は、福島の子どもたちの避難、疎開、保養支援を積極的に行って下さい。
一、日本政府は、大飯原発再稼働を即座に中止して下さい。
一、日本政府は、県内の原発を全て廃炉にして下さい。
一、日本政府は、原発に頼らないエネルギーへの転換に全力を注いで下さい。

「いのち」より大切なものはこの世には存在しません。その「いのち」を産み育てる私たち「女」が先頭に立って声をあげれば、本当に大切なものが何なのかに気づいた「男」たちもいっしょに立ち上がってくれるはずです。

２０１１年は世界じゅうがつながるきっかけをくれた年

生まれながらにして、アトピー性皮膚炎と診断される赤ちゃん。不登校の子どもが急増する現場。引きこもりの若者。進化している医療のはずなのに、増える病人。毎年、自殺者が３万人。限界集落が数千ヵ所。手入れされず放置される田畑や山林。食料自給率39％。

もうこの国には末期的現象が出ているのに、いまだ、そのことに気づかないふりをして、少数の富裕層や大企業、一部の先進国だけを繁栄させる市場原理優先主義のもと、ひたすら金儲けに走る経済界と、そこに癒着する官僚、政治家、御用学者。

「もう、いい加減にしてほしい。私たちの生活、子どもたちの未来をもう任せるわけにはいかない。私たちのいのちは私たち自らが守るから、邪魔をしないで私たちに任せてほしい」

そう思うのは、私だけではないはずです。

２０１１年は、原発事故という悲惨な出来事の年ではありました。しかし、日本にとって、世界にとって、破滅へのカウントダウンを止めるために世界じゅうの人々が立ち上がり、つながるきっかけをつくってくれた年なのだと思います。これを逃したら、もう人類を救うチャンスはないかもしれないと、覚悟を決めて行動することが必要です。

日本を変え、世界を変える力は、一人ひとりが変わるところから始まります。悲しくて辛いことですが、３・11以前の考え方は、もう変えなければならないのです。

チェルノブイリより早く出た健康被害

２ヵ月後から「鼻血」「下痢」「目の周りの隈」など

私は当初より、福島の子どもたちはチェルノブイリの子どもたちよりも早くに、深刻な健康状態になるのではないかと考えていました。それは、化学物質の体内蓄積などで、25年前のチェルノブイリの子どもたちより、福島の子どもたちのほうが、もともとの健康状態が悪く、免疫力が落ちていると思うからです。

見えない、臭わない、触れない放射能ですが、感じることができないソレを感じていた人たちもいました。「金属のような味がした」「キラキラ光っているのが見えた」「舌がピリピリした」と表現しました。

実際、私も手足が痺れるような「ヒリヒリ」した感覚が、２０１１年の6月ごろまで続きました。もちろん、すべての人が感じたわけではなく、「感じた」人は、少数派です。

しかし、２ヵ月後くらいから、症状を訴える人が出てきました。「鼻血」「下痢」「目の周りの隈《くま》」「皮膚がむける」「喘息」「めまい」「記憶力が衰える」「歯茎の骨が減る」「体がだるい」。

「これまでの持病がすべて再発した」という人もいました。

心臓が「ドキドキする」、心臓の「右室肥大」など

原発事故から7ヵ月後の10月、子ども福島ネットの宍戸隆子さんが、北海道の自主避難者に体調の変化の聞き取り調査をしています。

それによると、原発事故直後から症状が出た人も多く、また、避難したことで症状がなくなった人も多い、ということがわかりました。具体例を見てみましょう。

〈福島県田村市／6歳と3歳の男児〉

事故前から二人とも喘息あり。事故後は、「酸素吸入の回数が増加」。ひどいときには4時間おきに吸入。北海道に避難してからは、症状は急激に回復。

〈福島県郡山市／25歳女性〉

事故後8月に「髄膜炎」を起こす。事故前には病歴はなし。今も「だるさ」と「疲れやすさ」がある。小1の娘も、「頭痛」をよく訴える。

〈福島県福島市／7歳男児・39歳男性〉

2人とも5月中旬から毎日のように「鼻血」「のどの痛み」「腹痛」「下痢」「口内炎」。突然、「40度近い発熱」があり、5日間下がらず。息子は、尿検査で「被曝している」ことが

判明。

〈福島県福島市／7歳男児・1歳男児〉

5月ごろより6歳（当時）の息子、心臓が「ドキドキする」と訴える。「腹痛」（下痢ではない痛み）もあり。食欲旺盛で「マンマママンマ」と言葉を覚えるのが早い印象だった1歳の息子が、5月ごろから「話さなくなる」。

〈福島県福島市／小6男児・中2女子〉

小6の息子の目の下に「クマ」。7月、札幌に来て消えたが、8月、10日ほど福島に戻ると再び現れた。中2の娘は事故後、「お腹の調子が悪い」「風邪が長引く」などあり。

〈福島県桑折町／5歳男児〉

震災後、「鼻血の多発」「長引く微熱」「口内炎」「耳下腺炎」。最近は「めまい」「頭痛」「吐き気」。あまりに体調不良が多くなった。札幌へ避難したが、現在は福島。

〈福島県福島市／小1男児・小3女児・母〉

爆発から数日後、子ども二人とも「どす黒い顔」に。小1の息子は心臓の「右室肥大」に。今でも「心臓のあたりが痛い」と訴える。小3の娘は「膝・ひじ・足首の関節が痛い」と言う。「母」は、3月16日、外で立ち話をしていて「目の激痛」（チクチクと針で刺されたよう）が3日間続く。今は「だるさ」「めまい」「心臓の痛み」「息苦しさ」が常にある。山形に避難。

始まった「フクシマからの警告」

ベラルーシで「チェルノブイリの本当の被害」を研究したユーリ・バンダジェフスキー博士は、「5、6年後の福島で、ベラルーシやウクライナのように甲状腺がんや白血病が増加するという予測を立てるのに無理はない」と言いました。

２０１１年、第4章でも触れたとおり、小児甲状腺がんの専門医として１９９６年より5年間、ベラルーシで医療支援活動をしてきた長野県松本市の市長・菅谷昭さんの講演会を開催したときに、「どこまで、お話ししていいんですか」と聞かれました。私は、「隠さずすべてしゃべってください」とお願いしました。

菅谷さんがチェルノブイリで治療に当たられた地域がまさに福島市・郡山市と同レベルの汚染度の地域だったのです。そこで、小児甲状腺がん治療に当たられていたわけですから、5年後を心配してくださるのは当然です。

しかし、福島では半年もたたないうちから、その予測・警告は現実のものになっています。２０１１年度中に行われた甲状腺の検査の結果、南相馬市など4市町村で、3万８１１４人の子どもたちの約35・8％に「しこり」や「のう胞」が見つかり、２０１２年度に入ってから行った福島市4万２０６０人では、43・7％とさらに数値が上がっています。18歳未満の甲状腺がんが一人見つかりましたが、「今回の事故の放射線によるものではない」と発表されてしまいました。

チェルノブイリでも、翌年から見つかっているにもかかわらず、あくまでも5年後からのがんしか認めようとしないのです。

札幌に自主避難した郡山市の子どもにも「しこり」が見つかっています。

「チェルノブイリからの警告」どころか、「フクシマからの警告」が始まっているのです。

福島県の子どもの病死者数も増えています。

1～19歳の福島県の子どもの病死者総数について、事故後の2011年3月～11月を、2010年の同時期と比較したとき、1・5倍に増えています。

また、通常、子どもの病死者は冬・春に多く、夏・秋は少ない傾向が全国的にあるのですが、福島県では2011年は夏・秋の病死者が多く、累計数がほぼ直線的に増加しています。これらの変化は、宮城県や岩手県では起こっていない現象です（図）。

亡くなった子どもたちの死因を見ると、1位「心疾患」、2位「癌・白血病」、3位「感染症」、4位「肺炎」となっています（図）。

前年と比べると、どれも増えていますが、特に「心疾患」は2倍に増えています。これも他の被災県にはないことです。また、病死者数の増加は、10代後半で最も多かったこともわかりました。

亡くなった子どもたちの後ろに、病気や体調不良の子どもたちがたくさんいることを、私たちは忘れてはなりません。放射能被害を少しでも未然に防ぐことが、私たち大人に課せられた役目だと思います。

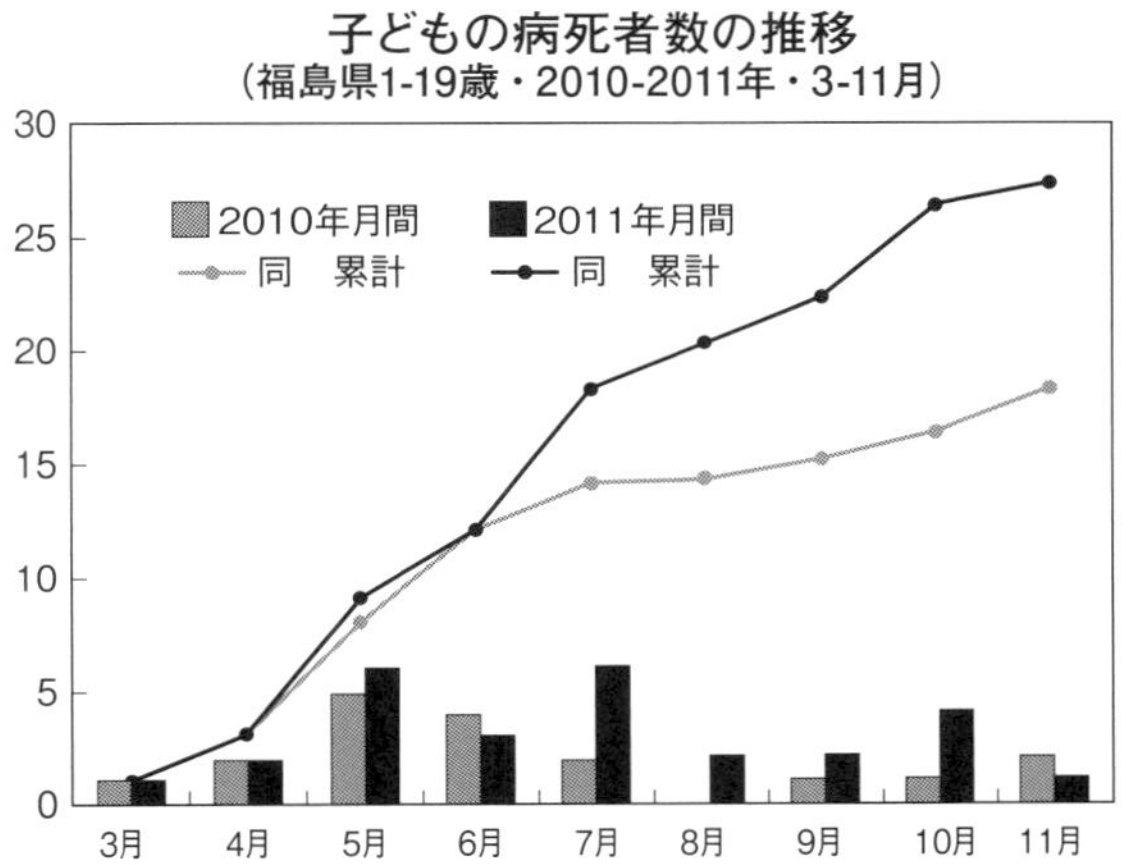

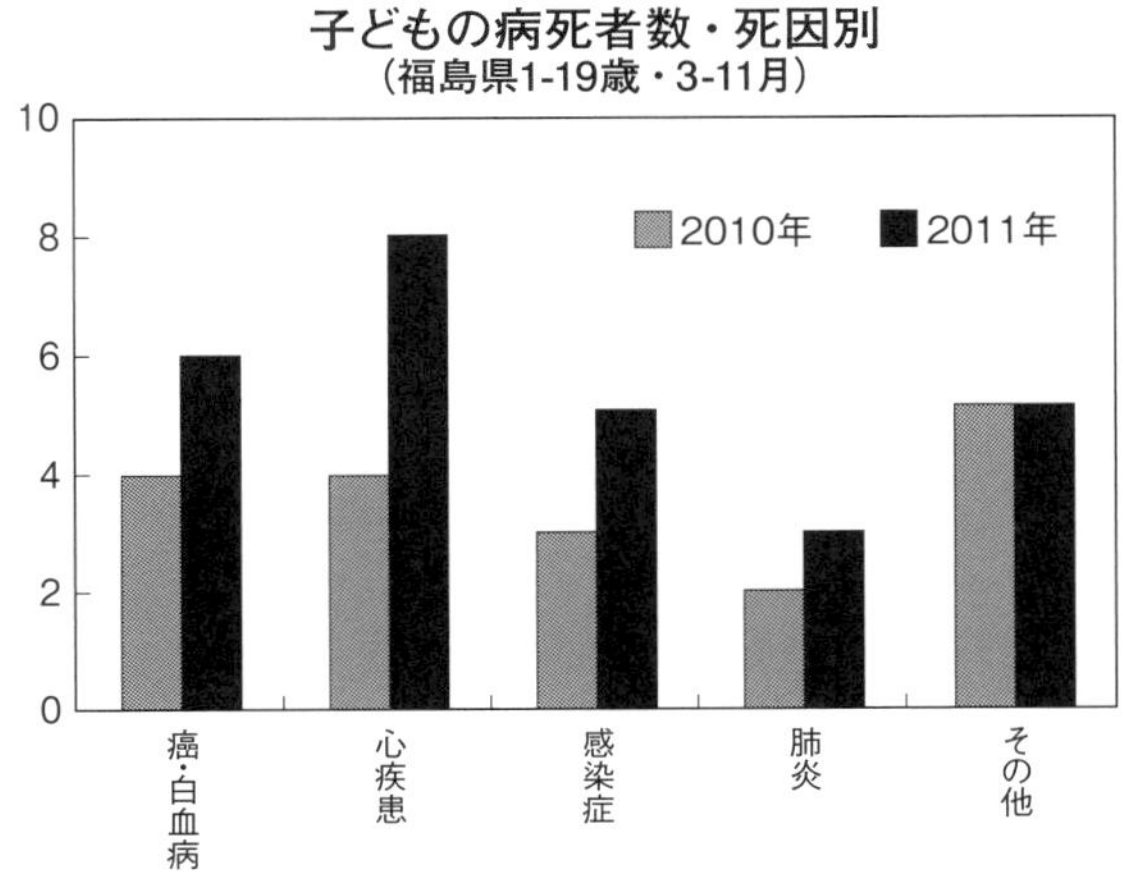

注：いずれも「政府統計の総合窓口・人口動態調査（下のURL）」から、平成22・23年の「月報（既報）・月次」各月の、「（保管表）死亡数、性・年齢（５歳階級）・死因簡単分類・都道府県（20大都市再掲）別」にある福島県データを用いて作成。他の都道府県データや平成21年以前の「年次」データも、必要に応じて参照し、比較、検討したもの
http://www.e-stat.go.jp/SG1/estat/NewList.do?tid=000001028897

二つの「こどもの日」

子どもたちがモルモットにされてしまう

２０１１年5月5日の「こどもの日」、私は、喜多方市（福島県）にいました。第1章でも触れた問題の人でもある、福島県放射線健康リスク管理アドバイザー・山下俊一さんの講演会を聞くためでした。同年3月末から、県内各地で開催された山下さんの講演内容を友人たちから聞いていた私は、どうしても、自分の耳で確かめたくて、山形から駆けつけたのです。

予想どおり、「１００ミリシーベルト以下は安心してください」の連発でした。最後の質問は、学校の先生だという方でした。その人は、次のように質問しました。

「この会場にいる方が、もし、山下さんの教え子でしたら、どんなメッセージをくださいますか」

それに答えて、彼は次のように言いました。

「福島県の子どもたちは幸せですね。これからあなたたちには線量計が配られます。自分で測って計算して、世界一の放射能の教育を受けられます」

私はこの言葉を聞いた瞬間、わが耳を疑いました。「モルモットになったことが、幸せだ」とは。彼は、「被曝したこと、これからずっと被曝し続けることが、幸せだ」と言い切ったのです。その言葉を私は生涯忘れることはできないでしょう。

そのときに思いました。

「このままでは、間違いなく、子どもたちはデータをとるためのモルモットにされてしまう。そして、日本全国どこへ行っても、もれなく原発がついてきてしまうほどの原発大国。こんなことが起こってしまった今、原発を止めなければ、福島の子どもたちは避難した先でまた被曝してしまうかもしれない。もう、これ以上、被害を大きくしたくない。子どもたちを守るために、自分ができることはすべてやろう」と。

「さようなら原発5・5集会」に二人の息子と参加

2012年5月5日の「こどもの日」。唯一稼動していた北海道の泊原発3号機が、定期検査のために停止しました。子どもたちの健やかな成長を願う「こどもの日」にふさわしい「原発ゼロの日」となりました。

この日、私は二人の息子とともに、東京・芝公園にいました。「さようなら原発　1000万人アクション」が主催した「原発ゼロの日　さようなら原発5・5（ゴーゴー）集会」に参加するためです。

18歳の三男は、「怒」の旗を持ち、約1時間のデモを歩きました。20歳の次男は、シュプレヒコールを先導し、デモ行進終了後、次のように挨拶しました。

「福島のことを思って全国からこんなにたくさんの人が集まってくれて、ありがとう！　原発のない社会をつくりましょう！」

二人ともデモは初参加。「こどもの日」に貴重な体験をしました。

集会でかんしょ踊りをする参加者。かんしょ踊りには、年貢取り立てへの民衆の怒りが込められている

子どもたちのいのちを放射能から守るためには、原発を動かしていては守れないことを、今回の事故で誰もが思い知ったはずです。それは、子どもであっても同じです。誰のことでもない、自分自身の将来のことなのですから、若者たちが立ち上がらなければならないのです。

一人ひとりの考え方や立場が違っていても大丈夫です。それぞれの立場でできることを、できるときから、できる範囲で、行動していくことで、すべてがつながり、子どもたちを守っていくことになると信じています。

この日には、「原発ゼロ」を祝って、すでに経産省前テントひろばでは恒例となったかんしょ踊りで経産省を包囲するイベントも行われました。

ちなみに、「かんしょ」とは、会津の言葉で「一心不乱、無我夢中になる様子」。かんしょ踊りは、「年貢の過酷な取り立てに対する民衆の怒りが込められている」会津地方の盆踊りです。「あまりの情念の強さに、ＧＨＱが禁じようとした」というエピソードもあります。

困ったときはお互い様

生きていてさえくれたらいい

私の名前は「幸《さち》子《こ》」です。「幸せの子ども」と書きます。自宅出産でしたが、臍の緒が首にからまってかなりの難産でした。

「お産婆さんが、『あと1時間待っても生まれなかったら、町の医者に連れていく』と話した直後にようやく生まれた。しかし、産声もあげられなかったため、逆さにしてお尻を叩いて産声をあげさせた」

そんな話を、子どものころ、よく母から聞かされました。名前はお産婆さんと私の叔父さんがつけてくれました。二人が同時に思いついたのが「幸子」だったそうです。

数年前、「幸」の語源を調べていてビックリしました。この文字は、罪人が縄で縛られている形からできたそうです。「死罪にならずに生きているだけで幸せだ」という意味のようです。そう知ったとき、自分の名前の意味を改めてかみしめました。「生きていてさえくれたらいい」という思いが込められていたのです。

この母と父から受け継いだいのちを、私は自分の子どもたちに伝えていかなければいけないと思って育ちました。

かつて我が家が火事で全焼

1972年6月19日、私が14歳のとき、我が家は火事で全焼しました。

当時、私の実家は前にも述べたとおり川俣町で食品、雑貨などを扱うよろず屋を営んでいました。中学2年だった私は、ソフトボール部に入っていました。その日、夕食が終わってお風呂に入ろうとしたら、沸いていませんでした。夜9時を過ぎていましたが、「部活で汗をかいてきたから、入りたい」と言って、母に風呂焚きをさせてしまいました。

お風呂は五右衛門風呂。よろず屋を営んでいた我が家は、薪の代わりに、たくさんある段ボール箱を燃やしていました。「パチパチ」という音が、2階にいた私の耳に届きました。不審に思って階段まで見に行くと、真っ赤な炎が階段の向こう側に見えました。

とっさに階段を駆け下り、「母ちゃん、火事だ！」と叫びました。私は裸足で、隣に助けを呼びに行き、母は、2階に取り残されていた妹を助けに行きました。

近所の人たちがバケツリレーで消火に当たってくれましたが、数時間後、火はすべてを焼き尽くして消えました。燃えた家は4年前に新築したばかりの家でした。

人が生きていくのに何が大切なのか

その日から、私たち家族はすぐ隣にある集落の作業所に仮住まいとなりました。次の日から、「商売が再開できるように」と、問屋さんは商品を搬入してくださいました。ご近所、知人、親戚、PTAの方々は、生活に必要なものをすべて、与えてくださいました。生活保護も受けました。おかげで、我が家は新しい家を、火災から4ヵ月後に建てることができたのです。

このときの経験は、私の人生を変えました。

「生きていたら何とかなる」「困ったときは、お互い様」「人は、お金がなくても、人のつながりさえあれば、生きていける」

それらのことを実感する日々でした。

2011年3月11日から1年半がたち、私はまた、その思いを実感する出来事に遭遇しました。私ばかりではなく、福島県民をはじめ、被災されたすべての人がそう思っているのではないでしょうか。

そして、原発事故によって、かつて経験したことのない被害の重大性を目のあたりにしたとき、「人が生きていくのに、何を大切にするのか」が、一人ひとりに問われた1年半でした。「経済優先」が生み出した事故であることは誰の目にも明らかです。

1年たって深まる住民の分断

「住めない」と「住み続けよう」の間の溝

地震、津波、原発事故。三重苦のなか、それでも生きていかなければならない苦しさ。とりわけ、原発による被害は目に見えないだけに、それを受け入れることができないもどかしさ、苦しさがあります。

1年前と何も変わっていない美しい風景のなかに確実に存在する放射能は、そこに「住むことができない」と判断した人と、「住み続けよう」と判断した人の間に、大きな溝をつくってしまいました。

私たちは、子ども福島ネットを立ち上げてから、「とにかく子どもたちを安全な場所に」と、ずっと言い続けてきました。「美しい戦場となった福島。その戦場の炎のなかに子どもたちを放置してはいけない」と。

しかし、これを言えば言うほど、商工業者の方や農民の方と対立が生まれました。「不安をあおるようなことを言うから、農民が困るのだ。商工業者が困るのだ。経済が立ち行かなくなるのだ」と。

そして、また、福島県の人口が減ることを恐れる行政側も、「住み続けよう」と判断した人のほうに資金を投入して支援します。２０１２年には「復興キャンペーン」と称して、これまでやったことのないようなイベントが目白押しでした。

郡山市で行われた「子どもたちだけのマラソン大会」、開成山球場での「ビール祭り」。福島では別の会場に決まっていた「全国ギョウザ祭り」をわざわざ福島競馬場に移して開催。梁川町で行われた「全国花火大会」はこれまで一度も開催したことがない大会で、全国から花火師を呼んで、２万発の花火が打ち上げられました。どの会場も、残念なことに、放射線量が高い場所でした。そこに子どもたちが動員されていたのです。

人々の心を分断する不公平な補償金

福島県内で開業している産婦人科のある各院も、県内に人をとどめようと、タウン誌に記事広告を出しています。どの医院も言っていることは同じです。「福島県内で、安心して出産してください。大丈夫です。放射能は心配ありません」ということです。

「原発安全神話」に代わって流される　政府の「放射能安全神話」を背景に、「放射能は危険だ」ということが、ますます言えない状況になっています。

こんな雰囲気のなか、1年たって、家族のなかの分断もより深刻になってきました。当初は、子どもを連れて母親だけが避難していましたが、長期化するにつれて、夫から「戻る」のか、「離婚」するのかを、迫られるケースも出てきたのです。

また、不公平な補償金も、人々の心を分断しています。職場内でも、同僚に「いくらもらっているのか聞けない」という雰囲気が漂っているのです。

補償金を巡っては、避難先でも誤解を生んでいます。避難者に対して、「働かないで、補償金をもらって生活している」「義援金でパチンコに興じている」などと非難しているのです。仕事もなく、将来に希望を持てない人々が、どれほどの被害を受けたのかを考えたら、このような言葉は言えないはずです。

また、自主避難者に対しても「お金があるから補償金をもらわなくても避難できる」という声も上がります。自主避難者がすべて余裕のある人ばかりでないことは、子ども福島ネットのメンバーを見てもわかります。

このように人間同士の分断が、いろいろ場面で、より深刻化してきたのが、原発事故から1年たった福島の状況なのです。

第７章

感謝される
福島になることを願って

稲の花。作物も大地も日々ドラマチック

こころと健康の拠り所となる診療所を住民の手で

薬も食も身土不二が基本

私は、5人の子どもを自然分娩で出産しました。それは、人間は医療の手を借りずとも自然に産むことができると考えたからです。人類の長い歴史のなかでは、出産はそれがあたりまえに行われていたのです。

また、病気の手当ても同じです。「手を当てる」、これが本来の医療の姿です。子どものころ、お腹が痛いときに手を当てただけでも痛みが和らぎました。「薬」は「草冠に楽」です。自然にある草木が本当の薬です。特に病気に効果があるものを経験上知った先人たちは、それを「薬草」として後世に伝えてくれたのです。

薬を用いることを「服用」と言います。「身につける服を草木で染めて用いる」ことが、もともとは病気の予防だったのです。身につけるだけでなく薬草を煎じて飲むことも、言葉としては「服用」を使ったわけです。

世界には、すぐれた薬草がたくさんあります。その土地でとれるものが、そこに住む人に本来はいちばんよく効くのです。食べものも同じです。前にも「身土不二」という言葉について触れましたが、「体と土地は二つに非ず、一つである」という意味です。その土地でとれる食べものを食べて予防し、その土地でとれる薬草で病気を治すのが自然なのです。

そして、鍼灸、マッサージ、瞑想、ヨーガ、操体、骨の歪みを整えるなど、心身ともにリラックスしながら病気の予防に努めてきたという歴史がどこの国にもあったのです。人間の体は全身がつながっているのですから、それを知っていた先人の知恵は素晴らしいと思います。

しかし、流通が発達して、世界じゅうから食品が運ばれるようになって、昔からの「食」が崩れてしまいました。遠くから食料を運ぶためには、食品添加物は欠かせないものとなり、ありとあらゆるものに使われるようになりました。

生産現場では、化学肥料と農薬漬けとなった農作物は、見た目には色も形もそろっているが、それとは裏腹に、食べれば食べるほど「毒」が体内に取り込まれ始めていました。

日本古来の食生活が崩れたうえに、化学物質によって病気が増えてくると、待ってましたとばかりに、石油でつくられた「化学薬品」が即効性のある薬としてもてはやされるようになってしまいました。このタイミングのよさは計画していたのかと思えるほどです。

自然治癒力を発揮するために

「薬」が「新薬」に変わったのはいつからでしょうか。いかにも近代的なものに思えますが、もともと、薬草にあった薬効を抽出して、それを石油でつくったのが「新薬」です。わざわざ、草木からとれる「薬」を石油でつくることに何の意味があるのだろうと、ずっと思っていました。それは、「特許」をとるためだと聞いたとき、腑に落ちました。いのちを助けるはずの「薬」でさえ金儲けの材料にされていたのかと思うと、本当に情けなくなってきます。同じ人間として恥ずかしいと思うのです。

我が家では、ほとんど病院に行くことはありませんでした。熱が出たらおとなしく寝ることにしていました。風邪は身体を暖かくして休めばほとんど、一日で治ります。薬も飲みません。飲むとすれば梅干しを潰して、生姜汁と醬油を数滴たらして、熱い番茶を注いで飲みます。

打ち身には、すりおろしたジャガイモ、またはコンフリーの根っこを湿布として使いました。傷口にはドクダミを貼ります。やまなみ農場の周りには、薬草になる草がたくさんありましたから、それらを利用していたのです。これで、医者いらずでした。人間には本来「自然治癒力（免疫力）」が備わっているのです。それを最大限に発揮できるように、薬草を使って手当てすればいいわけです。

私の周りには、こうした考えで生活していた仲間がたくさんいます。その仲間が、原発事故後すぐに、活動を始めました。そのなかの一人に、三春町に住んでいた鍼灸治療師の橋本俊彦さんがいます。橋本さんは「快療法」といって身体を気持ちよくすることで、人間の自然治癒

快療法講習会で自然治癒力を高めたり、「手当て法」を学んだりする参加者たち

力を高めて病気を治してきました。私も体調が悪いときには病院には行かず、橋本さんのところで手当てをしてもらいました。

骨の歪みをとり、ヨモギやビワの葉を使って身体を温め、手を当て、じっくり1時間かけて本当の手当てをしてもらいます。これが、今の福島に求められている医療の姿なのではないかと思うのです。

橋本さんは、NPO法人ライフケアを立ち上げ、仮設住宅に出向き、健康相談会を行いながら自分でできる「手当て法」を伝えていくことにしました。私も、微力ながら手伝わせてもらうことにしました。

近代医学の限界

実は、今の医療では本当に病気をなくすることはできない、と以前から考えていました。それは、人間がつくり出した「化学物質」や「電磁波」によって過去にはなかった新たな病気「アトピー性皮膚炎」「化学物質過敏症」「電磁波過敏症」が増えてきているからです。しかも、悪いことに今の医学では根本的な治療法はない病気です。原因となる「化学物質」「電磁波」

を排除することしか治療法はないからです。

しかし、この「化学物質」「電磁波」は大手を振って現代社会に君臨しています。化学肥料、農薬、食品添加物、合成洗剤、携帯電話、家電製品。便利さゆえに社会が受け入れてきました。これらのなか で生活する限り、なくならない病気です。はっきり言えば、病気の原因になる「化学物質」や「電化製品」を大量に販売して病気をつくり出し、「治療」と称して製薬会社や、医療機器メーカーが儲かる仕組みをつくり出したのではないかと疑ってしまいます。

そして、今回の「放射能」です。これも、同じ仕組みのなかで生まれてきたものです。電気をつくることで便利な世の中をつくり出し、後戻りできない人類は、さらなる利便性を追求してきました。その結果、電気がなくなることへの不安を煽り、核兵器開発の隠れ蓑としてつくり出した原発を容認させることに成功したわけです。日々の運転で放射能が労働者に影響を与えることを知りつつ、また、原発立地町村にも放射能の影響があることさえ、もしかしたら知っていながら、他の「化学物質」や「電磁波」の影に隠れるよう、因果関係が証明できない仕組みをつくっていたのではないかとさえ考えてしまいました。

１９５０年代、核開発のために行われた核実験でどれほどの被害を受けていたかを考えると、今、がんが増えているのは、寿命が延びたためということも言われますが、私は、あの当時の影響が、60年たって出てきているのかもしれないと疑っています。

がんを漢字で書くと「癌」と書きます。「病垂れに品の山」です。何とも的を射た漢字だと思います。品物が山のようにある生活をすると出てくる病気が、「がん」です。現代社会のこのような生活を続ける限り、がんはなくならないのです。いくら治療しても追いつきません。この事実を真摯に受け止めて、これからの医療を考えなければならない時期にきていることを、今回の原発事故は教えているのです。

日ごろから相談に乗ってもらえる主治医を

東京電力福島第一原発の事故では、広島型原爆１６８発分、１万５０００テラベクレルのセシウム１３７（半減期30年）が撒き散らされました。チェルノブイリ原発事故をはるかに超える深刻な事態となっています。

県内にいる36万人の子どもたちが生活し、遊び、学んでいる地域の75％が、放射線管理区域（毎時０・６マイクロシーベルト）を超える放射能汚染地帯となっていることもわかりました。そんな福島で「子どもたちのいのちを守る」ために、私たちがやらなければならないことは、山のようにあります。何から進めればいいのかを考えたとき、「避難・疎開」を最優先にしなければならないと思いました。

しかし、さまざまな家庭の事情を抱え、避難・疎開ができない家族も多いのです。まだまだ、多くの子どもたちは、今なお福島にとどまり、生活をしています。その子どもたちはもちろん、不安を抱えて日々の生活を余儀なくされているお母さんたちには、日ごろから相談に乗ってもらえる主治医が必要です。その主治医は、一方的に「１００ミリシーベルトまでは安全」「内部被曝は心配ない」などと言う医者では困ります。

また、福島県民健康管理調査が行われています。しかし、調査方法や情報の開示の仕方が市民の意向と大きくかけ離れているため、信頼を失っています。甲状腺検査が、今、まさに子どもたちをモルモットにしてデータを集めることだけが目的で行われているのかと思えてなりません。現実に、子どもが病気になってお母さんが病院に連れて行くと、聞きもしないのに、「これは放射能の影響ではありません」と言う医者が多いのです。これでは安心して相談もできません。

子ども福島ネットでは、福島県医師会（高谷雄三会長）あてに「県民健康管理調査及び放射線影響に対する医療に関する要望書」を２０１２年10月５日付で提出しました。具体的な要望事項（原文）は、次のとおりです。

1　県民の健康を守るために、県民健康管理調査の情報は全てありのままを開示することを医師会として提言してください。

2　チェルノブイリでは26年経っても未だに、甲状腺ガンのみならず様々な病状が出てきている現実を直視し、その因果関係を認めていないＩＣＲＰ（引用注・国際放射線防護委員会）の見解だけでなく、幅広い見解の国内外の医師と連携して福島の子どもを守る立場で医療に当たってください。

３　甲状腺検査のみならず、尿検査など放射線影響を計るための検査を県民の全てが保健医療診療として受けられるよう、国に対して、要望してください。

４　増え続ける日本の医療費を考えたとき、今の医学を根本から問い直す意味で、予防医学の立場での医療を目指してください。

５　上記にもありましたように、このたびの検討委員会のための事前打ち合わせの会の存在について、どう思われるか、医師会としての見解をいただきたい。

６　福島医大に全てを委ねるのではなく、現場の医師として病気の子どもたちをできる限り出さないための、出来ること全てを行ってください。

そもそも、一人ひとりの感受性の違いを無視して表す数字は、私は、まったく無意味だと思っています。１００ミリシーベルトでも発病しない人もいるし、１ミリシーベルトでも症状が出る人もいるのです。そのことを認めたうえで、相談にのってくれる医師が必要だと、つくづく思います。

予防医学の原則に立った医療

私たちが欲しいのは、予防医学の原則に立ち、これまでの近代医学の概念を超えた、幅広い総合的な取り組みをする医療です。

病気が出てから治療するのではなく、病気にならないための予防をする。もし、病気になっても、「自然治癒力」を最大限に生かした治療をする。防護を念頭に置いた食卓・暮らしの見直しなど、「生活革命」も提案できる。そんな、こころと健康の拠り所となる診療所が必要なのです。言い換えれば、それは、「どうやって生きていったらいいのか」という住民に寄り添いながら、ともに歩んでくれる診療所です。

原発同様、今の医療には、利益最優先の構造ができあがっていると思います。

「薬をたくさん出す医者がいい医者」「高価な医療機器がそろっている病院がいい病院」そんな囚われた考えを地域住民自身が変えなければ、今の医療構造は変えられません。医療費は膨れ上がる一方です。利益を得るのは製薬会社と医療機器メーカー、病院のみです。

本来の医療のあり方をもう一度取り戻すためにも、住民の立場に立つ、住民のための診療所を、住民の手でつくりたいと思います。それを実現するのは、これまで「西洋医学」しか学んでこなかった医師たちが、どれくらい「自然医学」を認めてくれるかどうか、にかかっているといえます。

福島診療所建設委員会の発足

この機会に、今の医療を問い直すことは、相当の覚悟を決めて取り組まなければならないことだと考えていました。それは「原子力ムラ」と同じ仕組みがこの「医療ムラ」にもできていたからです。

３・11以前から、漠然とですがそのような思いを持っていました。それが、今回の事故により、明らかになりました。被曝させておいて、データを集める。病気をつくって医療が儲かるようにする。考えたくはありませんが、事故直後にとった国の政策はそうとしか思えませんでした。

しかし、子どものいのちは何としても守らなければなりません。「がんは治せるから、避難することのリスクが大きから、がん以外の病気は因果関係が証明されていないから、だから、福島にいて大丈夫」と言う人々に任せておけないのです。「避難が最優先」と言う人々がつながって医療も考えなければならないわけです。

その思いと同じ人々とつながったのは、２０１１年の秋でした。福島市に診療所をつくりたいと考えている人々でした。子ども福島ネットでつながった人々もそうですが、これまでまったくどこで何をしていた人なのかも知らずに、とにかく「子どもたちを守りたい」ということだけで活動しています。

福島診療所建設委員会の呼びかけの文章を読んだときに、予防医学、自然医学のことが一言も入っていませんでした。それに対して、私と防護の世話人の椎名千恵子さんは、「今、福島に必要なのは、予防医学、自然医学です。それを入れてくれないのであれば、今までの病院と同じです。そんな病院はいりません」と、半分無理を承知で突き返しました。

しかし、呼びかけ文を書いてくださった杉井吉彦医師は、「よく言ってくれました。実は西洋医学しか知らない医師たちに、自然医学のことを言っても、拒否されるだけなので自分は入れられなかった。しかし、それが、福島の要望であるということなら、入れることができる」と、受け止めてくれたのです。実際、杉井医師は自分の経営するクリニックでは、鍼灸師を入れて治療にあたっていると聞いて、安心しました。

しかし、福島に診療所をつくると話をしたら、「診療所ができたら、避難しなくてもいいと思う人が出てくるんじゃないの」と言う人もいました。そんなときには、「100ミリ安全」ではなく、「避難」をすすめる診療所、避難できない人には、予防医学で対応できる診療所、もちろん、「いつでも検査を受けられ、お母さんたちの不安に寄り添う診療所です」と説明すると、理解してくれました。避難できない子どものほうが、はるかに多いのが現実ですから、その子どもたちを助けるための診療所なのです。

ふくしま共同診療所の開院

呼びかけから1年で、「ふくしま共同診療所」を開院することができました。異例の早さだそうです。

もともと、新しい建物を建てて開院する予定で、福島診療所建設委員会が基金を呼びかけました。目標金額3億円でしたが、資金が集まるのを待っていたら、いつ新しい建物を建てられるかわからない状態でした。

いつまでも待っているわけにはいかない、一日でも早く、プレハブでもいいから始めなければ手遅れになる、と考えていたのです。甲状腺検査の結果への福島県健康管理調査室の対応は、保護者を安心させるどころか、ますます不安を掻き立てました。

医師や福島診療所建設委員会のメンバーなどがボランティアで準備し、開院こぎつけたふくしま共同診療所の前で（著者）

寄付者、協力者などを招き、内覧会や開院記念レセプションを開催

検査結果に不安を抱いた保護者が、再検査を別の病院に頼みに行くと断られる、ということが起こったのです。信じられないことに、福島医大から、「再検査をする必要がないことを、説明してください」と日本甲状腺学会にメールを流していたのです。検査結果に対して、丁寧な説明もなく、検査結果を開示することなく、しかも二次検査も拒否するように依頼していたのです。

地元福島の医師たちの多くは、お母さんたちの気持ちに添って接するどころか、福島医大に顔色をうかがう態度です。これでは相談することもできません。

また、ごく一部の医師が再検査をしてくれていますが、発病しないためには何をすればいいのかを助言してくれることはありません。西洋医学では、予防策は何もないのです。

しかし、お母さんたちが聞きたいのは予防なのです。こうしたことを考えると、診療所は本当に早く始めなければならない、と感じました。

院長は、松江寛人医師。元国立がんセンター放射線学部長でエコー検査の第一人者です。とてもありがたいことです。

現在、勤めている病院や自営でクリニックを経営している医師たちが、今の職場のスタッフから、「ここにも、患者さんがたくさんいるのに、どうして福島に行くのですか?」と言われながらも、「福島のために」と診療所開院のために集まってきてくれました。

「佐藤さんがつくりたいと言う診療所に医師たちが集まったのですよ」「今の西洋医学では放

射能に対応できない状況であるから、これから自分たちも、自然医学を学びながら、予防医学を進めます」「福島の人たちが意見を出してつくっていく診療所です」と言ってくれたのは、布施幸彦医師です。

こうした医師や福島診療所建設委員会の方々がボランティアで準備を進め、２０１２年11月9日に保健所の許可が無事おりて、12月1日に開院の運びとなったのです。11月23日の内覧会には、寄付をしてくださった方々をお招きして見ていただきました。ドアは木製で温かみがあり、待合室には子どもが遊べるスペースも準備しました。

「さようなら原発1000万人署名」の呼びかけ人の一人でもある作家の落合恵子さん（クレヨンハウス主宰）より、ふくしま共同診療所に寄贈された絵本の一部。また、診療所開設にともない、記念メッセージも寄せていただいている

この診療所では、内科、放射線科がメインですが、整形外科も行います。また、診療だけではなく、「食」の大切さ、放射能防護などの勉強会や、保養プログラムを組んだりすることも大きな目標です。

診療所に関わってくださっている医師に対して、「私は医者が嫌いです。病気になっても病院には行きません。今の医学に疑問があるからです」とはっきり言います。

その言葉をきちんと理解してくださったと思っています。少なからず、今の医療に限界や疑問を持っている医師であるからこそ、福島に足を運んでくださったのです。本当に感謝しています。

一人が3人に30日伝えると60億人に伝わる

原発事故・放射能を正しく子どもに伝える

学校では今、「放射能安全神話」をどんどん進めています。ですから、「そうではない。放射能は安全ではない」ということを、子どもたちに伝えなければならないと思います。

原発事故のことを子どもたちに説明するとき、私は、『森の木』（川端誠著・BL出版）という絵本をよく使います。まさに、原発事故のことが書かれているからです。

内容は、次のとおりです。

村人が、木の実のなる木を、大事に育ててきました。これに目をつけた学者と役人と商人が来て、村人が入れないように、立ち入り禁止にしてしまいました。ハウスを作って、そこで火

を焚いて、木をどんどん大きくし、自分たちだけで金儲けをします。すると木が怒り狂って、魔物が棲みだし、手に負えなくなったのです。

真っ先に、商人と学者と役人はいなくなりました。農民だけは木を最後まで守ろうとするのですが、ついに守りきれずに、村を離れます。

そこに雷が落ちて、木は倒れてしまいます。その跡に大雨が降って、雨は大地を全て洗い流します。すると、そこに、また、木の芽が芽生えてくるのです。

ぜひ、こういうものを使いながら、原発事故や放射能について、子どもたちに正しい情報を伝えてほしいのです。

「本当に信じられる情報」を「本当に信じられる人」から

「何を支援したらいいですか」「具体的に言ってください」と言われることがあります。そこで、私は「子どもたちを避難させるための旅費が欲しい」「滞在費が欲しい」と言ってきました。そう、問われてわかったことは、「みなさん、気持ちはあるけれども、どうしていいかわからないのだ」ということでした。

今、「福島県外の人ができることは何ですか」と聞かれたら、私は「まず、原発を止めてください」と言います。これが、いちばんの願いです。

いったん、原発事故が起きれば、子どもたちの未来だけではなく、自然環境、農林水産業、商工業などのすべてにおいて、長年にわたって影響が出ます。

子どもたちのために、自分ができることを一人ひとりが考えて、行動してほしいのです。本当に、自分にできることは限られていますが、私は、できることを、できるときから、できるところから、できる範囲でやりたいと思っています。

そして、「原発を止める」という思い・方法などを、自分の言葉で3人の人に伝えてください。その3人がそれぞれさらに3人に伝言ゲームのように伝えると、1ヵ月後には60億の人に伝わるのです。

以前、私は、「伝えたい」ことを、一人で3人に往復はがきで出しました。そして、往復はがきの返信用は私にではなく、自分の知っている3人に出してくださいと伝えました。それを受け取った人がそれぞれ同じことを繰り返し、広げていく方法もあります。

現在は、ネット上に情報を流せば、瞬時に多くの人に伝わります。しかし、「本当に信じられる情報」は「本当に信じられる人」から聞いた情報なのです。

この言葉は、私が最初に院内集会へ参加した2011年4月21日の前日、娘の麻耶に言われた言葉です。ネット上の情報はあまりにも多すぎて、何が正しい情報なのかを選ぶのが大変なのだということを、自分がネット情報を収集して感じたと言うのです。だからこそ、自分の言葉で「相手の目を見て話すことが大切なのだ」ということを娘から教えられたのです。

福島を「幸福の島、福のある島」に

大切なのは「水」「空気」「食べもの」「人と人との助け合い」

私たちにとって本当に大事なものは何でしょうか。国にとって、「本当の宝物」は何なのでしょうか。それは、子どもたち、働く人、お年寄りではないでしょうか。それらの「いのち」を守らないで、何を守ろうというのでしょうか。

大切なものは「お金」「経済」でしょうか。すぐに、お金がなければ「経済が立ち行かなくなる」「生活ができなくなる」と言う人がいます。しかし、本当にそれがいちばん大事なことでしょうか。今のままの生活でいいのでしょうか。

「長袖を着なければならないほどのクーラー」「スイッチ一つで何でもできるオール電化の家」「便座に座った瞬間にモーターのような音が出て、立った瞬間に水が流れる」、家の中にはあふれるほどにものがあり、まだまだ使えるものをゴミとして処分する、こういう生活を維持することが大事なのでしょうか。自分の手や足や頭を動かせる人が、動かさないような生活をすることが本当にいいことなのでしょうか。これらの生活を維持するために、「いのち」を引き換えにしていいのでしょうか。

今回の原発事故は、本当に絶望的なことでした。しかし、これで、気づいてほしいのです。ものがたくさんあることが、豊かさのバロメーターではありません。「水」「空気」「食べもの」「人と人との助け合い」、大切なものはこれに尽きるのです。

福島でつくった原発の電気がすべて大都市へ送られていたように、人も、どんどん都市へと流れ込んでいきました。言い換えれば、農村からどんどん人を奪って、大都市や巨大都市圏ができあがったのです。

せめて、その1割でいいですから、若い人を農村に戻してもらいたいと思います。一家に一人、食べものを自給する人が必要ではないでしょうか。震災があろうと、何があろうと、自分の食べものを確保できるのは、なによりの強みです。

食・農の信頼関係が壊される‼

自然農自給生活学校の研修生たちは、研修終了後、川俣町周辺で生活をしていたメンバーがほとんどでしたが、やむをえず県外への避難を決めました。地域通貨「どうもなぃ」としても関わっていた仲間なので、その共同体も活動停止に追い込まれてしまいました。避難した先ですぐに農地が見つかるとは限りません。自給自足をしていた仲間の生活は、一変してしまいました。

福島県には、都会から移り住んだ人ではなく、もともとの農家で有機農業を営む人々もたくさんおりました。先祖伝来の農地で営農を続けるか、避難するか、本当に苦渋の決断を迫られたのでした。

すでに、県外で農地を求め、再開した仲間もいます。しかし、多くの有機農家は福島にとどまり、いかにすれば作物にセシウムが移行しないかを試行錯誤しながら栽培しているのです。自らが放射能測定所を立ち上げ、測定しながら、国の基準よりはるかに厳しい自主基準をつくって出荷している団体もあります。

しかし、有機農産物を購入していた消費者ほど、今回の放射能汚染に対しては厳しい目で見ています。ですから、産直販売をしていた農家に事故直後には、それまでの消費者から、取引打ち切りの話が、持ち込まれました。

長年、信頼関係でつながっていたこの産直制度が、放射能問題によって壊されてしまいました。本当に、食の安全を一番に考えて、化学肥料、農薬に頼らず、堆肥をつくって農作物を栽培していた有機農家ほど、被害を受けてしまったのです。同じ農民として、やりきれない気持ちで一杯になりました。

たとえ「安全宣言」が出されても

須賀川《すかがわ》市のブロッコリー生産者が自殺をされたニュースを、職場、麦の家のテレビでスタッフと見ました。そのとき、スタッフの目には涙が流れていました。その後も、酪農家や仮設住宅に避難されている方が何人も自殺されました。「放射能が原因で死んだ人は誰もいない」と発言した電力会社の社員には、こうした現実は届いていないのでしょうか。

伊達市のあんぽ柿生産農家は、事故後、これまで経験したことのない辛い作業を余儀なくされました。出荷できない柿を収穫して捨てたり、幹の皮をはいだりする作業に心身ともに疲れました。それでもその作業をしなければ、翌年の出荷ができなくなるかもしれないと思い、いくらかでもセシウム移行を減らせると信じて、寒風のなか作業を続けました。しかし、残念ながら２０１２年も基準値を超える恐れがあることから出荷停止です。

出荷できない干し柿用の柿。樹皮をはいだ柿の木の下に捨てられたまま（2012 年も出荷停止）

福島県は、農業のあり方を新たに考えて行かなければならないと思います。福島県がいくら声を大にして「安全宣言」を出しても、セシウムの数値をゼロにはできないことは確かです。どこまでの数値を受け入れられるかは、人それぞれ違います。セシウムゼロの農作物が他にあるなかで、わざわざ同じお金を出して購入するはずはないのです。

出荷しても、値段を下げざるをえません。農家の売り上げは減ってしまいます。減収分を補償で補えるとは限りません。それでなくとも、農家は経営が苦しいなか、さらに苦しくなります。

農業再生への新たな取り組み

県内の有機農業団体の一つである、NPO法人福島県有機農業ネットワークでは、震災後、放射能測定所を立ち上げ、国の基準値より厳しい自主基準値をつくり、測定しながら出荷しています。これまで、出荷していたところとの取引が減ってしまい、新たな取引先を開拓していく努力をしています。

また、福島の農家は、必要に応じて栽培作物を替えるということも、今後視野に入れる必要があるのではないかと思っています。具体的には、セシウムは油に溶けないという性質を考えると、菜種油やエゴマ油の生産は有効であると思います。

実際、NPO法人チェルノブイリ救援・中部の理事で分子生物学者の河田昌東《かわたまさはる》さんが、チェルノブイリのナロジチで2007年から5年間、菜の花プロジェクトに取り組み、実績をあげています（河田昌東・藤井絢子《あやこ》著『チェルノブイリの菜の花畑から〜放射能汚染下の地域復興〜』創森社）。菜種を栽培することで除染しながら油の生産ができるのです。油にはセシウムは入りませんから食用にできます。また、ディーゼルエンジンの燃料に使えるのです。

菜種は、昭和30年代までの日本では、どこでも栽培されていた作物です。また、エゴマは「ジュウネン」と呼んで福島で多く栽培されていました。それが、高度経済成長期になり、農家から都市へと人手が奪われていくなかで、化学肥料と農薬、そして機械化が進み、お金にならないこうした自給作物は姿を消しました。

かつて農村の三原色と言われた「レンゲ、麦、菜種」は、田畑を豊かにするとともに、食料の自給率を保つのに貢献していたのですが、これらが、農村から消えていったのは規模拡大、単作化で経済優先社会をつくり上げてきたことが背景にあります。

お金がかかる農業へと移行していくなかで、農業収入だけでは経営できなくなり、出稼ぎや農村への企業誘致の延長線上に原発誘致があったわけです。そのことを考えたときに、過疎化の進む農村の再生をするためには、まず、都市に奪われた人々を取り戻し、自給を進めることから始めなければならないと、ずっと思っていました。

地域社会の維持と除染

微力ながら、自然農自給生活学校などをベースに都市からの移住希望者の支援を続けてきたのですが、今回の原発事故で、さらに「地域社会を維持し、豊かなものにしていかなければ」との思いを強くしました。菜種などで除染することができるかどうかの話は、まさにこれからの農業のあり方そのものを変えなければならないと思っていたことへの提案ではないか、と思うわけです。

また、農村の後継者不足は林業への影響も大きく、山林は荒れ放題になっていました。日本の山林は、人間の手を加えることで維持されていたのですが、それも今回の除染の目的の一つになり、木の葉を集める、木を切り倒すという話が出てきました。皮肉なことです。これまで、見捨ててきた、昔ながらの作業でしか除染できない、ということです。

かつて家族や研修生とともに手がけたやまなみ農場の畑入口。今や草木が伸び放題で畑地の痕跡をたどりにくい

やまなみ農場研修生の宿舎前。除染した土と剪定枝（袋入り）が宿舎前に積まれたまま

今後、これらの山の資源をエネルギーに変えていくことを考えることは重要です。バイオマス（生物由来資源）の活用こそ、再生可能エネルギーの最たるものです。福島の山林の木は燃やさず、ただ放置することなく、拡散させることなく、メタン菌の利用で天然ガスをつくりだすと同時に、セシウム濃縮を可能にするわけですから、保管しやすくなると考えています。

また、セシウムを吸い上げる植物は他にもあるし、また、石油に代わるものとしてこれから期待されている植物もあります。こうした作物への転換を考えることで、福島県の農業の再生をはかることもできるのではないかと思います。

菜種はもとより、農村の三原色を取り戻すことで、農業再建を果たす……そして、市場原理至上主義による経済優先で貧富の格差を拡大する日本社会を変えていくために、福島県は先頭に立たなければならないと思うのです。

かつて日本じゅう、どこでも栽培されていた菜種。食とエネルギーの地産地消を進めるうえでの有望作物

生存権を守るのは食料・エネルギー・福祉

食料、エネルギーの自給は今後の日本の行方を見るうえで大きな課題です。この二つを海外に委ねること

は、独立国としてとても弱い立場になります。これらの輸入が止まれば、国民の生活は成り立たなくなるのです。

そんなことは起こるはずがないと、笑われそうですが、実際「絶対起こらない」と言われていた原発事故は起こりました。石油は、無限にあるわけではありません。石油がなくなるからとの触れ込みで、「原発」を推進してきたわけですし、石油だけでなく、石炭もウランも間違いなく有限資源です。

経済評論家の内橋克人氏は、「不安社会」から「安心社会」への転換を指摘しています。著書『共生の大地』（岩波新書）、『共生経済が始まる～人間復興の社会を求めて～』（朝日文庫）などで、ＦＥＣ自給圏を形成すること、すなわちＦはフーズ（食料）、Ｅはエネルギー（再生可能なエネルギー）、Ｃはケア（福祉、医療、介護などを含め、人間同士が支え合う関係）で、これらが生きていくうえで欠かせない「基本的生存権」を守るためのものであることを強調しています。

これからは、自然のなかで循環できる「水、空気、太陽光、地熱、植物」などを再生可能エネルギーとして、有効に利用することを積極的に考えなければならないのです。結局、石炭、石油、ウランは、バイオマスなどを原料として利用するための技術を開発するまでのつなぎの資源だったと考えればいいのです。人類は、これらの自然の恵みのなかで進化し、生かされてきたことを、常に忘れてはならないのです。

世界じゅうに「福を与える島」になるために

名前というのは、とても大切です。私は、「福島」という名前は、「福のある島」だと思ってきました。福島に住んでいればいろいろな福がもらえると思っていたのです。

3・11の原発事故で福島は、世界じゅうで「フクシマ」として名前が知られるようになってしまいました。私は、これで、「福島は世界じゅうに福を与える島になった」と思うことにしています。今後、福島から発信されることが、世界じゅうの人々にとって、世界じゅうの子どもたちを守るための起爆剤になれればいいなと思っています。そうしなければ、福島が受けた苦しみ、悲しみ、辛さをどこにぶつければいいのかわからないのです。

世界が変わってくれなければ、本当に生きる希望がないのです。変わってくれるという希望があるから耐えられるのです。

原発事故が起きたとき、私は、「福島は『風の谷のナウシカ』状態になった」と思いました。宮崎駿監督のこの映画は、遠い昔、おろかな人間たちが核戦争を起こしたために、マスクなしでは住めない世界を描いています。かろうじてマスクをしなくても生活できる「風の谷」を舞台に、主人公ナウシカが自然は自らが浄化作用があることを突きとめます。マスクをしなければ住めない世界になった福島には、当分の間、子どもたちは住んではいけないと思いました。しかし、この映画のように何年かかろうと、人間が手を出さなくても自然界は必ず、自らが浄化する力を福島でよみがえらせてくれると信じています。

また、「福島は働けなくなった年寄りを生活の邪魔だとして山に捨てる姥捨《うばす》てを題材にした『楢山節考』（深沢七郎著）の世界になった」とも思いました。いのちを未来へつなぐために、若い人に食料を残し、自ら山に行く老人の姿は、今の福島の状況に重なるような気がします。福島の子どもたちのいのちを未来へつなぐために、「ここはシニアが守るから、若い人はしばらく外に行ってほしい」「シニアが頑張って住めるところにするから」と送り出すべきだと。

３・11後、世界は変わらなければなりません。世界が変わるために、次の一歩を踏み出すために、若い人や子どもたちにぜひ、見てほしい作品が『風の谷のナウシカ』と『楢山節考』なのです。いのちということ、こころということ、生きるということを考えさせてくれるからです。

原発事故では、私も30年間大切にしてきた農地を失いました。残念ながら子どもたちに「いっしょに百姓をやろう」と胸を張って言える場所ではない「やまなみ農場」では、しばらく野菜、果物も米も、つくることはできません。しかし、その現実を認め、受け入れ、これから何をすべきかを考えて、気持ちを切り換えていかざるをえないのです。

私は生きる基盤だった自然農、自給農に限りない価値や可能性があることを認めながらも、今の自分は放射能からいのちを守る活動が最優先だと思っています。福島から発信された原発事故の恐ろしさが、世界じゅうの人々に伝わり、すべての原発を止めることができるまで、活動を続ける覚悟であることを2011年、春の彼岸に母の墓前で誓いました。「すべての原発を止めるまで二度とお墓まいりには来ません」と。

そして原発はもちろん、いのちを脅かすあらゆるものがなくなっていくことを願い続けてやみません。子ども福島ネット、共働福祉農園などの活動を通じて、近い将来、福島を、世界じゅうから「ありがとう」と感謝、祝福される「幸福の島、福のある島」に、必ず変えていきたいと思います。

あとがき

百姓に定年退職があるわけではありませんが、いつの頃からかやまなみ農場を誰かが継いでくれたら、二つのことをしようと夢見ていました。

一つ目は、やまなみ農場で研修をして全国に散らばっている方々を訪ねて歩く、旅をすることです。やまなみ農場で経験したことを生かしてくれているのか、その後どんな生活をしているのか、自分の目で確かめながら、全国の温泉めぐりも兼ねたいものだと密かに思っていました。

二つ目は、その研修生たちのやまなみ農場での研修ぶりを含めて、やまなみ農場の記録をまとめて本にすることでした。研修生たちのやまなみ農場での暮らしぶりは、我が家では語り草になるほどのエピソード満載なのです。もちろんそれは、我が家が普通の家とかなり違っていたから起こった出来事もあります。しかし、研修生が育ってきた家庭環境によって、これほどまでに、人の考え方、行動は影響されるものなのだと考えさせられたからです。

その夢は、2011年3月11日であえなく打ち砕かれたと思いました。私自身の生活がすっかり変わってしまい、この先どうなるのかまったくわからなくなってしまったからです。

目の前に起こる出来事に振り回され、放射能との際限ない闘いが始まり自分の意思とはいえ、日常の生活ができずに、子どもたちを放射能から守る活動に入っていくことになりました。

しかし、ふと気づいてみると、福島の状況を話して欲しいとの依頼が舞い込み、横浜を皮切りに北海道から四国、九州まで毎月講演して歩いていました。行った先には、やまなみ農場の元研修生、見学に来られた方々が待っていてくれました。「幸子さんの保養のつもりで来てください」と温泉の旅館を予約してくださる主催者の方や、宿泊場所を提供してくれる元研修生もいます。

また、講演会のたびに以前、自然農の仲間と共同執筆し、出版した『自然農への道』（川口由一編、創森社）を持って歩いていました。そのご縁もあり、創森社の相場博也さんから、今回の本の出版のお話をいただきました。原発震災後の記録を残しておくことが必要だと言う、相場さんの言葉に背中を押されて出版を決めました。

私にとって定年退職後にやろうとした二つのことが、思いがけずに実現しました。原発事故がもたらした思わぬ結果でした。

福島原発事故は、人類の未来を左右する大きな出来事であると考えています。科学技術の発達とともに、自然のなかで生かされていたことを忘れたかのごとくふるまってきた人類。これからも、母なる大地、地球の上で生きていけるかどうかの瀬戸際に立たされている私たちへの、最後の警鐘であるととらえなければなりません。

自然の恵みなしには、一日足りとも生きながらえることはありえません。私たち人類はもっと謙虚に自然に畏敬と感謝の念を持って生きていかなければならないことを、今回の原発事故から学び、未来に伝えていく必要があると事故直後に考えていました。

その想いが今回の出版のお話をいただいたことで、かたちになったのです。

もともと、「やまなみ」という通信を出していましたので、本の原稿もその延長のつもりで気軽に考えていたのですが、ＮＰＯ法人の仕事と子どもを守る活動でほとんど休日がない状態が続くなかでの執筆でした。想像以上に大変でした。

そこで、まとめを古庄弘枝さんに協力していただきました。古庄さんは、２００１年にやまなみ農場を取材してくださっていたので、今回のお話を頂いたときに久しぶりに再会してお手伝いいただくことが決まり、とても心強く思いました。

写真は、私自身が撮影したものだけでは足りずに、子ども福島ネットの阿部宣之さん、FoE Japanの満田《みつた》夏花《かんな》さん、そらまめの石山誠さん、ライフケアの橋本俊彦さんなどから提供していただきました。古い写真のパソコン取り込みは、締め切りギリギリにもかかわらず、ＣＲＭＳの清水義之さんが引き受けてくださいました。校正は、25年来の友人湯田順子さんにもお手伝いいただきました。

出版全般にわたり何かとお世話になりました創森社の相場さんほか、たくさんの編集関係の方々の協力のもと、この本を出版できましたことを心より感謝申し上げます。この本が、未来の子どもたちが生きていく地球上に原発のない社会を実現し、ほんとうの豊かさ、幸せとは何かを考えていくための一助になれば幸いです。

グリーンアクション

〒606-8203　京都市左京区田中関田町 22-75-103

電話　075-701-7223　FAX　075-702-1952

http://www.greenaction-japan.org/

DAYS JAPAN

〒156-0043　東京都世田谷区松原 1-37-19 武内ビル 302

電話　03-3322-0233　FAX　03-3322-0353

http://www.daysiapan.net/

NPO 法人ライフケア

〒963-7741　福島県田村郡三春町八島台 6-8-4

電話／FAX　0247-62-2126　090-3757-1998

http://blog.canpan.info/miharu1126/

http://shizen-igaku.org/

福島診療所建設委員会

〒960-0622　福島県伊達市保原町柱田字平 84

電話　070-5476-6162

http://www.clinic-fukushima.jp/

ふくしま共同診療所

〒960-8068　福島市太田町 20-7 第一佐周ビル 1F

電話　024-573-9335

http://fks-k-clinic.jugem.jp/

Dear Friend Project by Message from 3.11

電話　080-3149-2971

http://www.facebook.com/messagefrom311

原発事故子ども・被災者支援法市民会議

http://shiminkaigigi.jimdo.com/

子どもたちを放射能から守る小児科医ネットワーク

〒188-0012　東京都西東京市南町5丁目17-2
電話　042-467-8171

子どもたちを放射能から守る全国ネットワーク

mail: info@kodomozennkoku.com

玉庭ふるさと総合センター おもいで館

〒990-0361　山形県東置賜郡川西町大字玉庭6707-44
電話　0238-48-2157

子どもたちを放射能から守る世界ネットワーク

http://www.save-children-from-radiation.org/

311受入全国協議会

電話　090-3468-3741（東田）
http://www.311ukeire.net/

Shut泊

〒0001-0014　北海道札幌市北区北14条西3丁目1-12
FAX　011-716-3927
http://shuttomari.blogspot.com/

NPO法人チェルノブイリ救援・中部

〒466-0064　愛知県名古屋市昭和区鶴舞3-8-10 愛知労働文化センター内
http://www.chernobyl-chubu-jp.org/

NPO法人 青空保育園たけの子

〒960-8152　福島市鳥谷野芝切41-3

電話　080-3347-7126

http://aozoratakenoko.blog28.fc2.com/

TEAM 二本松

〒964-0074　福島県二本松市岳温泉1-254-4

http://team-nihonmatsu.r-cms.biz/

NPO法人 福島県有機農業ネットワーク

〒964-0991　福島県二本松市中町376-1

電話　0243-24-1795　FAX0243-24-1796

http://www.farm-n.jp/yuuki/

Peach Heart

http://peach-heart.jimdo.com/

福島老朽原発を考える会（フクロウの会）

〒162-0825　東京都新宿区神楽坂2-19　銀鈴会館405　共同事務所AIR

電話/FAX　03-5225-7213

http://fukurou.txt-nifty.com/

国際環境NGO・FoE Japan

〒171-0014　東京都豊島区池袋3-30-203

電話　03-6907-7217　FAX　03-6907-7219

http://www.foejapan.orj/

美浜・大飯・高浜原発に反対する大阪の会（美浜の会）

〒530-0047　大阪市北区西天満4-3-3 星光ビル3階

電話　06-6367-6580　FAX　06-6367-6581

http://www.jca.spc.org/mihama/

◆インフォメーション（本書内容関連）

NPO法人 青いそら
●共働福祉農園 麦の家　●ヘルパーステーション おはよう
〒960-1306　福島市飯野町大久保字西戸32-2
電話　024-503-3600

子どもたちを放射能から守る福島ネットワーク
〒960-8034　福島市陣場町4-24　S・S・T・FUKUSHIMA I-C
電話　070-6620-4597
http://kodomofukushima.net/

野菜カフェ はもる
〒960-8036　福島市新町3-14 上州ビル1F
電話　024-521-8670　FAX　024-503-2313

市民放射能測定所
〒960-8034　福島市置賜町8-8 パセナカ Misse
電話　024-573-5697　FAX　024-573-5697
http://crms-jpn.com

測定器47台プロジェクト
電話　090-6068-5074
http://sokuteiki.exblog.jp/

こどものいえ そらまめ
〒960-2156　福島市荒井字原西18
電話/FAX　024-573-2971
http://www6.plala.or.jp/soramame/

ロゴマーク

子どもたちを放射能から守る福島ネットワーク
Fukushima Network for Saving Children from Radiation

2011年5月、「福島の子どもたちを放射能から守りたい」という強い願いを絆に、250名ほど参加のもと設立（略称「子ども福島ネット」）。一人ひとりの立場や意見の違いを認め合いながらも、測定、避難・保養・疎開、情報共有、防護、行政対応に分かれて活動。野菜カフェはもるや市民放射能測定所を開設したり、料理教室、予防医学講座などを開催したりしている。情報誌「たんがら」発行

〒960-8034　福島市陣馬町4-24
S･S･T･FUKUSHIMA I-C
http://kodomofukushima.net/

共働福祉農園麦の家（福島市飯野町）で
大輪の花を咲かすヒマワリ

デザイン ——— 寺田有恒　ビレッジ･ハウス
カット ——— 井上千裕
写真協力 ——— 三宅 岳　中野信吾　中村易世
安部宣之　満田夏花　石山 誠
橋本俊彦　高邑事務所　ほか
編集協力 ——— 清水義之　湯田順子
校正 ——— 吉田 仁

●**佐藤幸子**（さとうさちこ）
「子どもたちを放射能から守る福島ネットワーク」代表
福島県伊達郡川俣町生まれ。地元の商工会議所勤務後、結婚を機に農業従事。長男誕生をきっかけに「やまなみ農場」として有機農業による自給生活を始める。やがて田畑を耕さず、肥料、農薬を用いず、草や虫を敵としない自然農に転換。自然農自給生活学校を開設し、多くの研修生を送り出す。自然農の考え方を基本にNPO法人青いそら設立、障がい者の日中活動支援のための「共働福祉農園麦の家」と「ヘルパーステーションおはよう」運営。3・11の東日本大震災にともなう東京電力福島第一原発事故により、自然農、および自然農自給生活学校を中断。2011年５月「子どもたちを放射能から守る福島ネットワーク」を立ち上げ、現在に至る
著書に『自然農への道』(川口由一編、共著、創森社）ほか

〈まとめ協力〉
古庄弘枝　大分県生まれ。ノンフィクションライター。著書に『見えない汚染「電磁波」から身を守る』(講談社)ほか

福島《ふくしま》の空《そら》の下《した》で

2013年２月19日　第１刷発行

著　　者——佐藤幸子《さとうさちこ》

発 行 者——相場博也
発 行 所——株式会社 創森社
〒162-0805 東京都新宿区矢来町96-4
TEL 03-5228-2270　FAX 03-5228-2410
http://www.soshinsha-pub.com
振替00160-7-770406
組　　版——有限会社 天龍社
印刷製本——中央精版印刷株式会社

落丁・乱丁本はおとりかえします。定価は表紙カバーに表示してあります。

ISBN978-4-88340-277-9 C0036

〝食・農・環境・社会〟の本

創森社　〒162-0805 東京都新宿区矢来町96-4
TEL 03-5228-2270　FAX 03-5228-2410
http://www.soshinsha-pub.com

＊定価（本体価格＋税）は変わる場合があります

バイオ燃料と食・農・環境
加藤信夫 著　A5判256頁2625円

田んぼの営みと恵み
稲垣栄洋 著　A5判140頁1470円

石窯づくり 早わかり
須藤 章 著　A5判108頁1470円

ブドウの根域制限栽培
今井俊治 著　B5判80頁2520円

飼料用米の栽培・利用
小沢 亙・吉田宣夫 編　A5判136頁1890円

農に人あり志あり
岸 康彦 編　A5判344頁2310円

現代に生かす竹資源
内村悦三 監修　A5判220頁2100円

人間復権の食・農・協同
河野直践 著　四六判304頁1890円

反冤罪
鎌田 慧 著　四六判280頁1680円

薪暮らしの愉しみ
深澤 光 著　A5判228頁2310円

農と自然の復興
宇根 豊 著　四六判304頁1680円

田んぼの生きもの誌
稲垣栄洋 著　楢 喜八 絵　A5判236頁1680円

はじめよう！ 自然農業
趙漢珪 監修　姫野祐子 編　A5判268頁1890円

農の技術を拓く
西尾敏彦 著　四六判288頁1680円

東京シルエット
成田一徹 著　四六判264頁1680円

玉子と土といのちと
菅野芳秀 著　四六判220頁1575円

生きもの豊かな自然耕
岩澤信夫 著　四六判212頁1575円

里山復権　能登からの発信
中村浩二・嘉田良平 編　A5判228頁1890円

自然農の野菜づくり
川口由一 監修　高橋浩昭 著　A5判236頁2000円

農産物直売所が農業・農村を救う
田中 満 編　A5判152頁1680円

菜の花エコ事典～ナタネの育て方・生かし方～
藤井絢子 編著　A5判196頁1680円

ブルーベリーの観察と育て方
玉田孝人・福田 俊 著　A5判120頁1470円

パーマカルチャー～自給自立の農的暮らしに～
パーマカルチャー・センター・ジャパン 編　B5変型判280頁2730円

巣箱づくりから自然保護へ
飯田知彦 著　A5判276頁1890円

東京スケッチブック
小泉信一 著　四六判272頁1575円

農産物直売所の繁盛指南
駒谷行雄 著　A5判208頁1890円

病と闘うジュース
境野米子 著　A5判88頁1260円

農家レストランの繁盛指南
高桑 隆 著　A5判200頁1890円

チェルノブイリの菜の花畑から
河田昌東・藤井絢子 編著　四六判272頁1680円

ミミズのはたらき
中村好男 編著　A5判144頁1680円

里山創生～神奈川・横浜の挑戦～
佐土原 聡 他編　A5判260頁2000円

移動できて使いやすい 薪窯づくり指南
深澤 光 編著　A5判148頁1575円

固定種野菜の種と育て方
野口 勲・関野幸生 著　A5判220頁1890円

「食」から見直す日本
佐々木輝雄 著　A4判104頁1500円

まだ知らされていない壊国TPP
日本農業新聞取材班 著　A5判224頁1470円

原発廃止で世代責任を果たす
篠原 孝 著　四六判320頁1680円

竹資源の植物誌
内村悦三 著　A5判244頁2100円

市民皆農～食と農のこれまで・これから～
山下惣一・中島 正 著　四六判280頁1680円

さようなら原発の決意
鎌田 慧 著　四六判304頁1470円

自然農の果物づくり
川口由一 監修　三井和夫 他著　A5判204頁2000円

農をつなぐ仕事
内田由紀子・竹村幸祐 著　A5判184頁1890円

福島の空の下で
佐藤幸子 著　四六判216頁1470円